科技首創

萬物探索與發明發現

李　奎 編著

崧燁文化

目錄

科技首創：萬物探索與發明發現

目錄

鬼斧神工 建築工程

車水馬龍 交通運輸

披堅執銳 軍事武器

序言 科技首創

文化是民族的血脈，是人民的精神家園。

文化是立國之根，最終體現在文化的發展繁榮。博大精深的中華優秀傳統文化是我們在世界文化激盪中站穩腳跟的根基。中華文化源遠流長，積澱著中華民族最深層的精神追求，代表著中華民族獨特的精神標識，為中華民族生生不息、發展壯大提供了豐厚滋養。我們要認識中華文化的獨特創造、價值理念、鮮明特色，增強文化自信和價值自信。

面對世界各國形形色色的文化現象，面對各種眼花繚亂的現代傳媒，要堅持文化自信，古為今用、洋為中用、推陳出新，有鑑別地加以對待，有揚棄地予以繼承，傳承和昇華中華優秀傳統文化，增強國家文化軟實力。

浩浩歷史長河，熊熊文明薪火，中華文化源遠流長，滾滾黃河、滔滔長江，是最直接源頭，這兩大文化浪濤經過千百年沖刷洗禮和不斷交流、融合以及沉澱，最終形成了求同存異、兼收並蓄的輝煌燦爛的中華文明，也是世界上唯一綿延不絕而從沒中斷的古老文化，並始終充滿了生機與活力。

中華文化曾是東方文化搖籃，也是推動世界文明不斷前行的動力之一。早在五百年前，中華文化的四大發明催生了歐洲文藝復興運動和地理大發現。中國四大發明先後傳到西方，對於促進西方工業社會發展和形成，曾造成了重要作用。

中華文化的力量，已經深深熔鑄到我們的生命力、創造力和凝聚力中，是我們民族的基因。中華民族的精神，也已

科技首創：萬物探索與發明發現

序言 科技首創

深深植根於綿延數千年的優秀文化傳統之中，是我們的精神家園。

總之，中華文化博大精深，是中華各族人民五千年來創造、傳承下來的物質文明和精神文明的總和，其內容包羅萬象，浩若星漢，具有很強文化縱深，蘊含豐富寶藏。我們要實現中華文化偉大復興，首先要站在傳統文化前沿，薪火相傳，一脈相承，弘揚和發展五千年來優秀的、光明的、先進的、科學的、文明的和自豪的文化現象，融合古今中外一切文化精華，構建具有中華文化特色的現代民族文化，向世界和未來展示中華民族的文化力量、文化價值、文化形態與文化風采。

為此，在有關專家指導下，我們收集整理了大量古今資料和最新研究成果，特別編撰了本套大型書系。主要包括獨具特色的語言文字、浩如煙海的文化典籍、名揚世界的科技工藝、異彩紛呈的文學藝術、充滿智慧的中國哲學、完備而深刻的倫理道德、古風古韻的建築遺存、深具內涵的自然名勝、悠久傳承的歷史文明，還有各具特色又相互交融的地域文化和民族文化等，充分顯示了中華民族厚重文化底蘊和強大民族凝聚力，具有極強系統性、廣博性和規模性。

本套書系的特點是全景展現，縱橫捭闔，內容採取講故事的方式進行敘述，語言通俗，明白曉暢，圖文並茂，形象直觀，古風古韻，格調高雅，具有很強的可讀性、欣賞性、知識性和延伸性，能夠讓廣大讀者全面觸摸和感受中華文化的豐富內涵。

肖東發

衣食之源 農牧漁業

　　據史籍記載和考古發現，中國農業起源原始採集狩獵活動中，至今七、八千年時，原始農業已經相當發達了。而牧業和漁業是促進中國古代農業發展的重要因素。

　　中國古人為了開闢新的食物來源，備歷艱辛，終於選擇出可供種植的穀物，成為本土農作物。中國古代畜牧業也曾有過輝煌的成就，相畜學、閹割術及家禽飼養方面的發明，都是舉世矚目的成就。而釣具發明和製作工藝的改進，同樣可以看出中國古代的勤勞和智慧。

原產於中國的農作物

■豆腐製作

中國在一萬年前就產生了農耕文明。先是凡可以吃的植物都進行種植，而後透過選種，開始種植產量高的作物如「九穀」、「六穀」、「五穀」。而其中有許多農作物的原產地就在中國。

原產於中國的農作物有大豆、水稻、白菜、香菇、荔枝、茶葉、棗、桑等，種植歷史都在四、五千年以上。在這些農作物中，大豆和水稻的種植，一直是所有農作物中最為重要的。

劉安是漢劉邦的孫子，西元前一六四年被封為淮南王，建都於壽春。他在煉丹時，有一次錯誤地將石膏點入丹母液即豆漿之中，經化學變化成了豆腐。豆腐從此問世。

劉安善於遊禪交僧，一天嘗到了和尚們做的豆腐頓覺品味素新，決定深入研究豆腐製作方法和技術。

成立了豆腐生產作坊，培養豆腐專業生產人員，在生產操作的過程中，逐步完善生產設備，改進生產技術，提高豆腐品質。同時把豆腐製作技術傳授給別人，並逐漸向外地區擴散。

豆腐的製作技術在唐代傳入日本，以後又相繼傳至東南亞以及世界其他一些國家和地區。

豆腐的原材料是大豆，而正因為中國是大豆的故鄉，所以，豆製食品在中國也就率先被創造出來。

大豆是中國古代重要的糧食和油料作物。中國是大豆的原產地，也是最早馴化和種植大豆的國家，栽培歷史至少已有四千年。

大豆黑色的叫做烏豆，可以入藥，也可以充饑，還可以做成豆豉；黃色的可以做成豆腐，也可以榨油或做成豆瓣醬；其他顏色的都可以炒熟食用。

由於大豆的營養價值很高，被稱為「豆中之王」、「田中之肉」、「綠色的牛乳」等，所以在數百種天然食物中最受推崇。

大豆起源於中國，從中國大量的古代文獻可以證明。漢司馬遷編的《史記》中寫道：

炎帝欲侵陵諸侯，諸侯咸歸軒轅。軒轅乃修德振兵，治五氣，鞠五種，撫萬民，慶四方。鋪至下鋪，為菽。

由此可見軒轅黃帝時已種菽。「菽」就是大豆。

據考證，商代主要的農作物黍、稷、粟、麥、秕、稻、菽等，都曾經見於甲骨文卜辭之中。殷商時期就有了甲骨文，對農作物記載得非常有限，辨別出有黍、稷、豆、麥、稻、桑等字，是當時人民主要依之為生的作物。

吉林省吉林市烏拉街出土的炭化大豆，經鑒定距今已有兩千六百年左右，為東周時的實物，是目前出土最早的大豆。

春秋時期，菽被列為五穀或九穀之一。戰國是時期，菽、粟並稱，居五穀、九穀之首。豆葉供蔬食時，被稱為「藿羹」。

大豆在糧食供應中的地位是與其自身特點分不開的。秦漢時期之後，旱作技術有所提高，大豆退為次要的角色，但仍為人所重視。《氾勝之書》記載：「謹計家口數種大豆」，強調多種大豆的重要性。

宋代為了在南方備荒，曾在江南、荊湖、嶺南、福建等地推廣粟、麥、黍及豆等。促使大豆的種植進一步發展。與此同時，東北地區的發展也很迅速。

據《大金國志》記載，當時女真人日常生活中已「以豆為醬」。清代初期由於大批移民遷入東北地區，使東北成為大豆的主產區，產銷國內外。

在大豆的利用方面，在漢代以前，大豆主要是作為食糧。漢代開始用大豆製成副食的記載逐漸增多。豆製品主要有豆豉、醬、醋。

《史記·貨殖列傳》指出，當時通都大邑中已有經營豆豉千石以上的商人，其富可「比千乘之家」，說明以大豆製成的鹽豉已是普遍的食品。

《齊民要術》還引述《食經》中的「做大豆千歲苦酒法」。苦酒即醋，說明至遲六世紀時已用大豆作製醋原料。

漢代已出現豆芽，時稱為「黃卷」，可供藥用，後來才用鮮豆芽做蔬菜。西漢時期淮南王劉安還發明了豆腐。

有關以大豆榨油的記載，始見於北宋《物類相感志》。做豆腐和榨油的副產品豆餅和豆渣是重要的肥料和飼料。清代初期豆餅已成為重要商品，清代末期已遍及全國，並有相當數量的豆餅出口。

大豆除了供食用之外，還是重要的綠肥作物。中國古代對大豆的根瘤早有覺察，並在「尗」的象形字中反映出來。

在《說文解字》中有記載：「尗，豆也，象豆之形也。」

清代文字學家王筠在《說文釋例》中進一步指出，「尗」字中間的「一」是代表地面，通於上下的「丨」代表大豆植株，在「一」之上是代表莖，在「一」之下是代表根。

根左右「八」形是「當作圓點」，象徵「細根之上生豆纍纍」的「馬鈴薯」，也即根瘤。同時還說明，「豆之根有馬鈴薯，豐年則堅好，凶年則虛浮」，認識到根瘤的多少和大豆的豐歉有關。

可以說早在三千年以前造「尗」字的時候，人們已觀察到大豆有根瘤的現象。

此外，《氾勝之書》提出：「豆生布葉，豆有膏」，知道大豆在幼苗時期，本身就有肥美的養料，故「不可盡治」，即不宜過多中耕。清代《齊民四術》也說豆「自有膏潤」，在中耕時「唯豆宜遠本，近則傷根走膏潤」。

這些記載清楚地說明，中國古代很早就知道大豆本身具有養料，而且同豆根有密切關係。

對於大豆根瘤的認識，使得大豆很早就與其他作物進行輪作、混種和套種。從《齊民要求》記載中，可看到最遲在六世紀時的黃河中下游地區已有大豆和粟、麥、黍稷等較普遍的豆糧輪作制。

陳旉《農書》還總結了南方稻後種豆，有「熟土壤而肥沃之」的作用。其後，大豆與其他作物的輪作更為普遍。

大豆和其他作物的輪作或間、混、套種，以豆促糧，是中國古代用地和養地結合，保持和提高地力的寶貴經驗。

在大豆栽培技術方面，古人主要注意到了兩點，一是種植密度；二是整枝。

對於種植的密度，《四民月令》上指出「種大小豆，美田欲稀，薄田欲稠」，因為肥地稀些，可爭取多分枝而增產，瘦地密些，可依靠較多植株保豐收。直至現在仍遵循「肥稀瘦密」的原則。

整枝主要因地域不同而採取不同的方法。大豆在長期的栽培中，適應南北氣候條件的差異，形成了無限結莢和有限結莢的兩種生態型。

北方的生長季短，夏季日照長，宜於無限結莢的大豆；南方的生長季長，夏季日照較北方短，適於有限結莢的大豆。

在文獻上對南方的大豆整枝記載較遲，清代四川什邡人張宗法撰寫的《三農紀》提到若秋季多雨，枝葉過於茂盛，容易徒長倒伏，就要「急刈其豆之嫩顛，掐其繁葉」，以保持通風透光。間接反映了四川什邡種植的是無限結莢型的大豆。

中國水稻栽培歷史悠久，在《管子》、《陸賈新語》等古籍中，均有約在神農時期播種「五穀」的記載，稻被列為五穀之一。

《史記·夏本紀》關於「禹令益於眾庶稻，可種卑濕」的記載，表明當時的中國人民就已經開始和自然鬥爭，疏治「九河」，利用「卑濕」地帶發展水稻。

戰國時期，由於鐵製農具和犁的應用，開始走向精耕細作，同時為發展水稻興修了大型水利工程，如河北漳水渠、四川都江堰、陝西鄭國渠等。西漢時期四川首先出現了梯田。

北魏賈思勰的《齊民要術》曾專述了水、旱稻栽培技術。晉《廣志》中有在稻田發展綠肥，增加有機肥源，培肥地力的記載。反映了當時的種稻技術已有一定水平。

魏晉南北朝時期以後，中國經濟重心逐漸南移，唐宋時期的六百多年間，江南成為全國水稻生產中心地區，太湖流域為稻米生產基地，京師軍民所需稻米全靠江南漕運。

　　當時由於重視水利興建、江湖海塗圍墾造田、土壤培肥、稻麥兩熟和品種更新等，江南稻區已初步形成了較為完整的拼作栽培體系。

　　中國稻種資源豐富，至明末清初《直省志書》中所錄十六個省兩百二十三個府州縣的水稻品種數達三千四百多個。另外在育秧、水肥管理等方面也都有了新的進展。

閱讀連結

　　中國大豆曾經傳播世界各地，目前，世界上已有五十二個國家和地區種植大豆。而美國人種植大豆，是在十九世紀。

　　據記載，一八四〇年，有人從興趣出發在美國種植大豆。以後，美國不斷有人自日本和中國引入大豆品種少量試種。從一八八二年開始生產性種植。一九一〇年，美國已經掌握了兩百八十個中國大豆品種，至一九三一年已經收集到四千五百七十八個大豆品種。

　　一九一五年，美國大豆首次進入食用領域。一九二九年，美國已有二十五萬多公頃大豆。一九四一年後，美國開始大規模種植大豆並提煉食用油。

古代畜牧業的發展

■伯樂雕塑

中國古代畜牧業曾有過輝煌的成就。自古以來，我們的祖先在畜牧和獸醫方面，積累了豐富的科學知識和技術經驗，有的至今仍有重要價值。

中國各族人民在長期實踐中創造出生產技術和管理經驗。在這之中，相畜學說的形成和發展，閹割術的發明，以及家禽飼養方面的人工孵化法、填鴨技術、強制換羽法的發明，都是舉世矚目的成就。

傳說中，天上管理馬匹的神仙叫「伯樂」。在人間，人們把精於鑑別馬匹優劣的人，也稱為「伯樂」。

第一個被稱作伯樂的人本名孫陽，他是春秋時代的人。由於他對馬的研究非常出色，人們便忘記了他本來的名字，乾脆稱他為「伯樂」。

有一次，伯樂看到一匹馬吃力地在陡坡上行進，累得呼呼喘氣，每邁一步都十分艱難。伯樂對馬向來親近，不由走到跟前。

馬見伯樂走近，突然昂起頭來瞪大眼睛，大聲嘶鳴，好像要對伯樂傾訴什麼。伯樂立即從聲音中判斷出，這是一匹難得的駿馬。

伯樂對駕車的人說：「這匹馬在疆場上馳騁，任何馬都比不過它，但用來拉車，它卻不如普通的馬。你還是把它賣給我吧！」

駕車人認為伯樂是個大傻瓜，他覺得這匹馬太普通了，拉車沒氣力，吃得太多，骨瘦如柴，毫不猶豫地同意了。

伯樂牽走千里馬，直奔楚國，準備獻給楚王。走到王宮近前，千里馬像明白伯樂的意思，抬起前蹄把地面震得「咯咯」作響，引頸長嘶，聲音洪亮，如大鐘石磬之聲，直上雲霄。

楚王聽到馬嘶聲，走出宮外。伯樂指著馬說：「大王，我把千里馬給您帶來了，請仔細觀看。」

楚王一見伯樂牽的馬瘦得不成樣子，認為伯樂愚弄他，有點不高興，說：「我相信你會看馬，才讓你買馬，可你買的是什麼馬呀，這馬連走路都很困難，能上戰場嗎？」

伯樂說：「這確實是匹千里馬，不過拉了一段車，又餵養不精心，所以看起來很瘦。只要精心餵養，不出半個月，一定會恢復體力。」

楚王一聽，有點將信將疑，便命馬伕盡心盡力把馬餵好，果然，馬變得精壯神駿。楚王跨馬揚鞭，但覺兩耳生風，喘息的功夫，已跑出百里之外。

　　後來，這匹千里馬為楚王馳騁沙場，立下不少功勞。楚王對伯樂更加敬重了。

　　伯樂是中國歷史上最有名的相馬學家，他整理了過去以及當時相馬家的經驗，加上他自己在實踐中的體會，寫成《相馬經》，奠定了中國相畜學的基礎。

　　春秋戰國時期，由於諸侯兼併戰爭頻繁，軍馬需要量與日俱增，同時也迫切要求改善軍馬的質量。

　　當時也是生產工具改革和生產力迅速提高的一個時期，由於耕牛和鐵犁的使用，人們希望使用拉力比較大的耕畜。這種情況，促進了中國古代相畜學說的形成和發展。

　　春秋戰國時期已經有很多著名的相畜學家，最著名的要算春秋時期衛國的寧戚了。他著有《相牛經》，這部書雖早已散失，但它的寶貴經驗一直在民間流傳，對後來牛種的改良起過很大作用。

　　相馬的理論和技術，成就更大，有過很多相馬學家。比如戰國時期趙國的九方皋，對於相馬也有獨到的見解。由於各人判斷良馬的角度不同，當時也形成了許多相馬的流派。

　　漢代已有完整的《相六畜》書和銅質的良馬模型。至盛唐時期，更有進一步的發展。古時的相畜學說對於後世家畜品質的提高，起過很大的作用。

科技首創：萬物探索與發明發現

衣食之源 農牧漁業

　　閹割術的發明，是中國乃至畜牧獸醫科學技術發展史上的一件大事。據考證，商代甲骨文中就已有關於豬的閹割記載。

　　《周易》記載：「豶豕之牙吉。」意思是說閹割了的豬，性格就變得馴順，雖有犀利的牙，也不足為害。

　　《禮記》上提到「豕曰剛鬣，豚曰腯肥」，意思是：未閹割的豬皮厚、毛粗，叫「豕」；閹割後的豬，長得膘滿臀肥，叫「豚」。

　　當代民間還流行的小母豬卵巢摘除術，手術過程一般只需要一、兩分鐘，而且術前不需麻醉，術後不需縫合。手術器械簡單，手術部位正確，創口比較小，手術安全，無後遺症，隨時隨地都能進行手術。

　　閹割術是古人遺留下的一份寶貴遺產。

　　《周禮夏官》記載「校人」的職掌中有「頒馬攻特」之說，所謂「攻特」，就是馬的閹割，或稱「去勢」。秦漢時期以前，騸馬還不普遍，可能僅施行於兇殘不馴的馬匹。

　　至秦漢之交，因為激烈的戰爭和騎戰的盛行，需要有合乎軍馬條件的馬匹，從此馬的閹割術也就盛行了。

　　人工孵化法、填鴨技術、強制換羽法的發明，是中國在畜牧業領域家禽飼養方面的重要成就。

　　中國戰國時期已經開始養鴨養鵝，養雞比這更早。家禽人工孵化法究竟什麼時候發明，已難於稽考，已知早在先秦時期就在中國應用，一直沿用至今。

在當時，北方大都用土缸或火炕孵蛋，靠燒煤炭升溫。南方一般用木桶或穀圍孵蛋，以炒熱的穀子作為熱源。

炒穀的溫度大約在三十八度至四十一度之間，經八小時逐漸降低至三十五度，再炒一次。每天共炒穀三次，使木桶裡的溫度經常保持在三十七度左右。種蛋孵化十天後，蛋裡胚盤發育中自身產生熱，此後就可摻入新的種蛋。

如果木桶裡保溫良好，這樣舊蛋自身發出的熱已足以供給新蛋胚盤發育的需要，無需再炒穀了。土法孵化的巧妙處也就在這裡。

中國人工孵化法的特點是設備簡單，不用溫度調節設備，也不需要溫度計，卻能保持比較穩定的溫度，而且孵化數量不受限制，成本很低，孵化率可達百分之九十五以上。

北京鴨味美可口，早在明代已為人們所賞識。這是由於發明了填鴨肥育技術、改善了鴨的肉質的緣故。北京鴨在孵出後六、七十天就開始填肥。

填鴨肥育需要專門的技術。每天給兩回肥育飼料。在肥育期間，不再在舍外放飼，同時在肥育舍的窗格子上掛上佈簾，把屋子弄成半明半暗。

肥育用的飼料是高粱粉、玉米粉、黑麩和黑豆粉。把這些飼料用熱湯搓製成棒狀的條子，叫做「劑子」，由填鴨的技師即「把師」用手把鴨嘴撐開，一個一個填下。初次試填，每天每隻約填七個至九個。如有消化不良的，下次減去一兩個；如消化良好，以後逐日遞增，最後填二十個左右。

　　這樣鴨子在肥育期的二周至四周間，就可增加體重兩、三公斤，肥育完成，可增重至四千五百克至六千克，肉味特別鮮美。

　　我們的祖先掌握了鴨的生長發育規律，並且發明了人工止卵和強制換羽的方法，使種鴨能依照養鴨人的意願，要什麼時候下蛋就什麼時候下蛋，要什麼時候換羽毛就什麼時候換羽毛，而且縮短了換羽期，增長了產卵期。

　　夏天鴨因怕熱，生長遲緩，下蛋數量少，質量也差。這時候要人工止卵：先使它停食三天，只給清水，以維持生命。三天後，改餵米糠，就可以自然停止下蛋。

　　停止下蛋後大約五個星期，一般就會換羽。如果任鴨自然換羽，前後大約要經過四個月，而且恢復健康也慢，甚至會耽誤和影響秋季下蛋。強制換羽，可以把換羽時間縮短到五、六十天。

　　強制換羽的具體方法，就是減少鴨子的飼料，使它停產而脫羽。脫羽到相當程度，再把尾羽、翅羽分次用手拔盡，這對鴨子並無損傷，而且是有益的。這時添給適量的黑豆，以促進羽毛生長。

　　拔羽在六月上旬實行，至七月中旬新羽生長一半時，再趕下河去放飼。這時飼料恢復原狀，用米糠、黑豆和高粱。至七月下旬，就加餵粟米，配合量和未停止下蛋時一樣。幾天後就可看到鴨有交尾的。至八月中旬，就又開始下蛋。這種辦法可使停止產卵期縮短一半。

伯樂曾經向秦穆公推薦九方皋去找千里馬，結果九方皋相中的是一匹墨色的公馬。秦穆公聽了很不高興。

伯樂就向秦穆公解釋說：「九方皋相馬的時候，已經經歷了一番去粗取精、由表及裡的觀察過程，他注意的是千里馬應該具備的那些條件，而沒有浪費自己的精力去注意馬的毛色、公母這樣無關緊要的細節。九方皋真正是相馬的天才，遠遠超過了我。」

秦穆公聽了伯樂的話，將信將疑，把九方皋相中的馬取回來一試，果然是天下無雙的千里馬。

▋古代釣具的發明

■原始骨制魚鏢

科技首創：萬物探索與發明發現

衣食之源 農牧漁業

　　釣具是從事釣魚活動的專用工具。它是人類在長期的釣魚過程中逐漸發明的，並且隨著釣魚活動的發展而不斷地得以改進。

　　因此，古代釣具的製作突出地反映了古代釣魚技術的發展水平。

　　古代釣具主要有網漁具、釣漁具兩大類。這些釣具的製作工藝，是在歷史發展中不斷改進與完善的，反映了中國古代的勤勞和智慧。

　　漁具的出現遠早於農具，以後得到發展，種類也隨之增多。唐代農學家陸龜蒙首次將漁具分成網罟、筌、梁、罧等十多類。明代《魚書》分為網類、類、雜具、漁筏等若干類。

　　網漁具是最常用的一種捕撈工具，在捕撈活動中佔有重要地位。傳說伏羲「做結繩而為網罟，以佃以漁」。新石器時期網漁具即已廣泛使用。在遼寧新樂、河南廟底溝以及浙、閩、粵等地原始文化遺存中就出土有大量的網墜和陶器上繪飾的漁網形圖案。

　　先秦及後世有一種漁具，稱為「罾」，其「形如仰傘蓋，四維而舉之」，系敷網類漁具。

　　宋代詞人周密《齊東野語》在記載海洋捕撈馬鮫魚時，提到漁者「簾而取之」。簾即刺網，今閩廣仍有如此叫法。它橫向垂直設於通道上，阻隔或包圍魚群，使之刺入網目或被纏於網衣上而受擒。

清代初期學者屈大均《廣東新語》提到索罟、圍罟，即圍網。索罟眼疏，專捕大魚；圍罟眼密，以取小魚。這種網適於捕撈密集或合群的中上層魚類。

　　古代屬於網漁具的還有刺網類。刺網類可分為定置刺網、流刺網、圍刺網和拖刺網。依布設的水層不同，又有浮刺網和底刺網之分。

　　刺網類網具所捕魚類體型大小比較整齊，不傷害幼魚，並可捕撈散群魚，作業範圍廣闊，是一種進步的重要漁具。

　　清代古籍《漁業歷史》中記載了刺網中的溜網，「其網用麻線結成，如平面方格窗櫺，長約三丈，闊約兩丈……所獲以鰳魚為大宗，用鹽醃漬，色白味美。」

　　定置刺網的網具有著底刺網和浮刺網之不同，前者布設的水層接近海底，後者接近海面。布網以錨碇和木樁固定網位。

　　圍刺網這種作業方法，有一種是用刺網包圍魚群後，敲擊木板發出音響以威嚇魚類刺入網目加以捕獲；另一種用圍網包圍魚群後，再在包圍圈內投放刺網捕撈。還有以網包圍魚群集中於岩礁處而捕撈的。

　　拖刺網是一種雙船作業的底拖刺網，廣東多地使用此法。

　　釣漁具也是歷史悠久、使用廣泛的捕魚工具。

　　陝西省半坡、山東省大汶口、黑龍江省新開流、廣西壯族自治區南寧、湖北省宜昌等地新石器時期遺址的考古發掘

衣食之源 農牧漁業

中，就出土有相當數量的魚鉤，其形制有內逆刺、外逆刺、無逆刺和卡鉤等，其質地有骨或牙、貝等，製作精緻。

銅質魚鉤也已在早商時期的文化遺存中發現；春秋戰國時期，隨著冶鐵業的進步和鐵製技術的提高，鐵質魚鉤得到了更為廣泛的使用。

中國古代釣漁具的形式有手釣類、竿釣類和網釣類。手釣類出現最早。竿釣在《詩經》中已出現。晉代人說到釣車和唐代人又說到釣筒這兩個重要部件。

釣筒，一般截竹而成，作為魚漂用，俗稱「浮子」，使魚鉤在水域中保持一定的深度。宋代竿釣漁具已具備了竿、綸、浮、沉、鉤、餌6個零件，在結構上已趨於完備。

綱釣類即繩釣。以長繩作為綱，綱上每隔適當距離繫一支線，線上繫魚鉤，鉤著餌，使魚吞餌遭捕。

綱釣法最遲在清代中期前已出現，趙學敏《本草綱目拾遺》中已記述其在海洋釣捕帶魚的情況。

箔筌漁具是用竹竿或篾片、籐條、蘆稈或樹木枝條等所製成，廣泛分佈於南北各地，其形式和功能也多種多樣，有的起源也很早。如筍在原始社會文化遺址中已有發現。罩、罶、梭等在先秦漢代文獻中時有記載。

箔筌漁具按其結構特點和使用方法大致分為柵箔類、籠算類兩種。

柵箔類是以竹木及其製品編織成柵簾狀插在水域中攔捕魚類的一種漁具。柵箔始自魚梁。魚梁也是以攔截方式捕魚

的，但魚梁主要以土或石築成，工程難度大、耗費多而且效果不佳。唐代稱柵箔類漁具為簁、滬或籪。

籠箅類以竹篾籐條等編織成小型陷阱、潛藏處所或作盛貯水產品的漁具，以及作為捕撈用的笱、罶、簍、筌筲等通常設置在江河緩流處，湖、海近岸淺水場所或雜草邊緣，使魚蝦入內。

根據捕撈對象的特性，有的在籠內放置芳香物、重膻味的餌料；有的以彩色、陰影等引誘；也有的將魚籠編成細長狀，口呈喇叭形，口頸部裝有逆鬚，放在河流魚蝦通道上攔截，使其進去容易，出去難。

雜漁具則是除上述種類之外的許多結構各異、功用不一的漁具，如獵捕刺射用的、抓耙水底用的和窩誘用的漁具等。

在釣魚方面，創造出網罩釣梁筌叉射滬梭等，不管什麼水域，什麼水層，都能展現身手。在古代條件下，創造全方位多角度多層次的漁業生產。

從歷史上看，古代單人釣魚主要有無鉤釣、直鉤釣、鐵魚鉤、車釣、拖釣和滾鉤釣等多種方法。

無鉤釣的歷史至少有五千年。在西安半坡遺址之中曾經出土過骨魚鉤。當然，半坡遺址中出土的也不是最早的釣魚方法。最早的釣魚方法應該是無鉤釣。

在無鉤釣之後，經歷過一個直鉤釣的階段。所謂直鉤釣是一種魚卡，它用獸骨磨製，呈棒形，兩端尖利，中間鑽孔穿線。魚兒吞之，會卡於口鰓。

科技首創：萬物探索與發明發現

衣食之源 農牧漁業

　　魚卡出現於新石器時代。而魚卡、骨魚鉤與無繩釣也共同存在一段相當長的時間，後來發明了銅器鑄造，又與上述三種釣魚方法共存。

　　鐵魚鉤出現於春秋時期，至西漢時期完成大換代。在鉤、線、餌、竿等方面已經掌握了相當先進的技藝。

　　車釣出現於晉代，主要產生於長江流域。先人制一釣車，將長線纏繞於車上，魚兒上鉤膈，用釣車收線取魚。這種車釣，是線輪的始祖。

　　還有一種筒釣，出現於唐代。它截竹為筒，不繫線和釣鉤；釣時定置於適當水域，無人看守，隔一定時間收線取魚。

　　唐代詩人韓偓詩寫道：「盡日風扉從自掩，無人筒釣是誰拋？」描寫的就是這種筒釣。

　　拖釣出現在北宋時期南海海域。北宋時期地理學家朱彧在《萍洲可談》中描述南海海域的拖釣：「漁人用大鉤如臂，縛一雞鵝為餌，俟大魚吞之；隨行半日方困，稍近之；又半日方可取，忽遇風則棄之。取得之魚不可食，剖腹求所吞小魚。」

　　由此可見，隨著社會生產力的發展，宋代的釣魚出現大的飛躍。一是釣具走向完善；另一方面，則是可在海上捕獲大魚。

　　滾鉤釣是在一根竿上附結許多支線，支線再結大量釣鉤，通常用於江海底層大魚。這種釣法創於南宋時期，盛於明代。

李時珍在其《本草綱目》中記載：「鱘出江淮黃河遼海深水處，無鱗大魚也……漁人以小鉤近千沉而取之。一鉤著身，動而護痛，諸鉤皆著。」

閱讀連結

世傳漁網是伏羲發明的。

一天，伏羲在河裡摸魚蝦，遇到了海龍王。海龍王就出了個難題：只要摸魚摸蝦不用手，就隨你去捉。

有一天，他躺在河岸上的大柳樹下，想著捉魚蝦的辦法。無意中看見身邊一棵枯樹，樹枝上一隻蜘蛛在織網，捉蚊子、飛蟲吃。伏羲想了想：如果做一個像蜘蛛網一樣的東西來捉魚捉蝦，不就行了嗎？

伏羲歡喜地跑回家，帶著孩子們上山割來葛藤，編起了像蜘蛛網一樣的網，拿著網到河裡捕魚蝦，一網撒下去，捕的魚更多。

科技首創：萬物探索與發明發現

領先鑄造 礦產冶煉

領先鑄造 礦產冶煉

　　非金屬礦產資源和人類生活關係極其密切，我們的祖先在幾千年的生產實踐中開發利用了大量非金屬礦產。尤其是對天然氣、石油、煤、鹽等的開發和利用，有多項技術屬於首創，當時在世界上處於領先地位，對人類的生存和發展發揮了巨大的作用。

　　中國古代生產生鐵的技術比較高，透過脫碳退火辦法得到的生鐵鑄件，是中國古代冶金技術上的一項重大發明。由生鐵催生的煉鋼技術，以及中國獨有的銅冶煉技術，它們都是具有劃時代意義的重大事件。

▌開發利用非金屬礦產

　　非金屬礦產資源的開發利用具有悠久的歷史，可以說，它對人類的生存、進化和繁衍起了不可取代的作用。中華民族在幾千年的生產實踐中開發利用了大量非金屬礦產。

　　中國非金屬礦產資源豐富，其中對天然氣、鹽、石油、煤的開發和利用，在當時世界上處於領先地位，極大地促進了人類社會的進展，改善了人類的生活條件。

　　北周武帝時期，突厥佗鉢可汗率兵圍攻北周重鎮酒泉，大肆掠奪財物。

　　而北周時期剛經歷了滅北齊一仗，國力尚處在恢復期，但酒泉人以石油為燃料，奮力焚燒突厥攻城器具。

佗鉢可汗從未見過這種燃燒物，馬上命令士兵用水撲火。但是，被潑上水的火不但不滅，反而越燒越旺。最後突厥軍大敗，北周軍民保衛了酒泉城。

這個戰例，在中國石油應用史上佔有極其重要的地位，從此以後，石油逐漸成為火攻武器的重要原料。其實，中國古代在對石油認識加深的同時，對天然氣的開發利用也逐漸達到了新的高度。

中國是世界上最早開採和利用天然氣的國家，在秦代就有鑿井取氣煮鹽的情況。在歐洲，英國是最早使用天然氣的國家，時間為一六六八年，比中國晚了一千多年。

晉代的常璩寫在《華陽國志》裡，描述秦漢時期應用天然氣有一段話：臨邛縣「有火井，夜時光映上昭。民欲其火，先以家火投之。頃許如雷聲，火焰出，通耀數十里。以竹筒盛其火藏之，可拽行終日不滅也……取井火煮之，一斛水得五斗鹽。家火煮之，得無幾也。」

這段話向後人透露了兩條消息：早在兩千多年前，人們就用竹筒裝著天然氣，當火把點火走夜路。用天然氣煮鹽，要比普通的家火燃燒得旺，出鹽也多。

「火井沉熒於幽泉，高煙飛煽於天垂。」這是晉代人對四川火井的詩意描寫。其實，比這更早些的西漢揚雄在《蜀都賦》中，已把火井列為四川的重要物產之一，可見火井由來已久。

從出土文物東漢畫像磚上刻畫的《煮鹽圖》中可以看到當時天然氣利用的實例。漢代就已克服了火井爆炸的困難，

科技首創：萬物探索與發明發現

領先鑄造　礦產冶煉

並且還用竹筒盛裝天然氣，類似今天的儲存天然氣的氣罐，創造利用天然氣的方法。

南宋時期，成都邛崍縣天台山的一片山坡上，常常有一縷縷帶臭味的怪氣冒出來，熏得周圍的莊稼全都枯萎了。當地百姓不知是什麼妖怪作祟，修了一座寶塔鎮住氣眼，從此再不冒氣影響莊稼了。這「怪氣」其實就是天然氣。

為了開發石油和天然氣，中國古代在生產實踐中逐步發明創造了一整套鑽井技術。

遠在戰國時期，當時的人就已開鑿較深的井，自漢代以來，進而推廣和改進了鑽井機械。

中國在西元前二一一年鑽了第一口天然氣氣井，據有關資料記載深度為一百五十公尺。在今日重慶的西部，人們透過用竹竿不斷地撞擊來找到天然氣。天然氣用作燃料來乾燥岩鹽。

宋代的深井鑽掘機械已形成一項相當複雜的機械組合。普遍廢棄了大口淺井，鑿成了筒井。

至明代，鑽井機械設備和技術有了更進一步的發展。據明代學者曹學佺的《蜀中廣記》記載，東漢時期，「蜀始開筒井，用環刃鑿如碗大，深者數十丈」。

中國古代的天然氣開採技術是比較先進的，比如小口深井鑽鑿法、套管固管法、筧管引氣法、試氣量法和裂縫性氣田的鑽鑿等技術，均為世界首創。

中國鑽井技術的起源和發展與製鹽業有著密切的聯繫。第一座鹽井出現在古巴蜀地區，即現在的四川地區。

　　當時四川的運輸業極不發達，海鹽很難運到地處內地、道路艱險的四川。但古代巴蜀人發現自己的腳底下就蘊藏著豐富的岩鹽和含鹽分很高的鹵水，他們即因地制宜，開採地下鹽以食用。四川人稱食鹽為「鹽巴」。

　　在四川，產鹽的地區主要集中在自貢地區，井架林立的自貢因此有「鹽都」之稱。

　　採鹽的需要促進了深井鑽探技術的發展。鑽井深度越來越深，鑽透鹽層再往下便是天然氣層，鹵水製鹽需要熬製，使用當地天然氣作燃料既方便又經濟。

　　由此可見，天然氣就是在深井製鹽業的促進下開發的，兩者的發明基本上是同時出現。

　　由於天然氣層較深，要開鑿氣井必須有優良的鑽井設備。中國當時已有先進的鐵製業，為鑽井提供了鑄鐵造的鑽頭。動力則用人力。人先跳到槓桿的一端把鑽頭抬高，再跳下來使鑽頭砸下去。

　　鑽井用的竹纜是由竹條製成的。竹纜具有很強的抗拉強度，與一些鋼纜的抗拉強度相當。而且竹纜有極好的撓性，容易繞在鑽頭提升鼓上，而且遇水後強度增加，恰好用來衝擊岩石。

　　在不斷的實踐中，古巴蜀人發明了一系列專用的鑽井工具，總結出一整套鑽井技術，開鑿出一大批很深的天然氣井。這些深井鑽探技術迅速傳播開來，被世界各國仿效採用。

科技首創：萬物探索與發明發現

領先鑄造 礦產冶煉

鹽的生產在中國歷史悠久。據研究考證，夏代時已產鹽，主要為海水煮鹽，主產於福建沿岸等地。

殷商時期，規模擴大，不僅有海水製鹽，而且有湖水製鹽，不僅有製鹽工人，而且有管鹽的「鹽人」。戰國時，有池水製鹽，也有井鹵煮鹽。表明中國是世界最早的產鹽國。

據《華陽國文·蜀志》記載，四川省臨邛即現在的邛崍縣制井鹽，「井有二水，取井火煮之，一封水得五織鹽」。「二水」即鹵水，「井火」就是天然氣。這裡是世界最早制井鹽的地方。

中國古人很早就能分辨出石油露出地表的有油苗、氣苗和瀝青三種形態。其中的油苗是地殼內的石油在地面上的顯露的痕跡，是尋找石油礦的重要標誌。

石油的出現時間並不清楚，最早記載於東漢班固《漢書·地理志》，提及上郡高奴縣的洧水。北魏酈道元在其《水經注》中作了詳細的記述：「高奴縣有洧水肥可燃。水水有肥可接取用之。」有肥可以燃燒，其實是水面上漂浮著原油或石蠟、瀝青的東西。據此推算，最遲在西漢時就發現了石油。

石油的名稱首見於北宋科學家沈括的《夢溪筆談》，之前多稱為「石漆」，可能由於一些油苗含瀝青質高、顏色像漆一般黑。

也有人叫石油為「水肥」，主要由於浮在水面的一層油像肥肉一樣，一點即燃。沈括發明了用石油做「炭黑」，再用炭黑來制墨。

石油在古代的開發並不普遍，只有小規模的開採。古人發現石油有不同的功用。

北周武帝時期，石油曾經被酒泉人作為燃料，燒燬來犯的突厥人的攻城器具，突厥軍大敗。這是石油在中國軍事史上的首次利用。

北魏酈道元《水經注》中說酒泉延壽縣河裡有一層肥如肉汁的東西，可以塗在車和水碓的軸承上，效果非常好。

石油一點就燃，十分明亮，但燃燒時煙很大，要經過提煉才能使用。古人把石油澆灌成燭，亮度是普通蠟燭的 3 倍。

中國是世界上最早利用煤的國家。據考古學家考查發現，遼寧省新樂古文化遺址中，就發現有煤製品，河南鞏義市也發現有西漢時用煤餅煉鐵的遺址。

在中國漢代的冶鐵遺址裡，有冶煉時使用的各種燃料，其中就有煤餅即蜂窩煤。這項重要發現，說明在西漢時期，煤已經不僅用於工業，而且那時的人已經會把開採出來的煤製成煤餅。

在史籍記載中，《山海經》中曾寫道「女床之山其陰多石涅。」這裡的石涅就是煤。可見煤作為一種礦物質，最遲在戰國時期，就被中國古代的所發現和利用。

據史料記載，三國時期曹操在修築銅雀台時，在室井內儲存了煤，以備打仗時燃用。

科技首創：萬物探索與發明發現

領先鑄造 礦產冶煉

後魏時期酈道元的《水經注》上，有這樣一段話：「鄴縣西三台，中日銅雀台，上有冰室。室有數井，藏冰及石墨。石墨可書，又燃之難盡，亦謂之石炭。」

至隋代，煤在民間已經開始通用。歷代王朝都把煤作為政府的專賣品，為的是增加財政收入。元代，人們把「石炭」開始稱為「煤炭」。明代的煤業生產在當時已經是一個大的生產行業，煤的開採與使用也已經十分廣泛。

明末清初，中國的煤業已經達到當時世界上最高的水平，而且已經能煉出焦炭。

閱讀連結

曹操建銅雀台，至十六國時期，後趙國君石虎又加擴建。《鄴中記》的描述透露了一些關鍵訊息，其中就有儲藏煤、鹽等策略物資的描述。

銅雀台的冰井台是在台頂建冰室，冰室內挖有深度達十五丈的大井多口。這個大窖雖名為「冰室」，其實卻是儲存各種生存基本物資的倉庫，深井裡分別貯存著最重要的幾種生活資料：有的井裡藏冰，有的井裡藏煤，有的井裡藏粟米，有的井裡藏鹽。

從銅雀台室井儲存煤的史實，可見中國古代對煤的利用很早。

▌古代先進的冶金技術

■雙鳥環首青銅短劍

中國鋼鐵冶煉技術的發展是從冶煉生鐵開始的，冶鐵術大約發明於西周時期。

先煉生鐵後煉鋼，生鐵是煉鋼的原料。煉鋼的出現是具有劃時代意義的重大事件。此外，銅冶煉技術也是中國的一項重大發明。

在中國古代冶金技術的發展過程中，風箱扮演著極為重要的角色。它是中國發明的一種世界上最早的鼓風設備。

歐冶子是春秋時越人，是當時的冶金高手，更是中國歷史上著名的鑄劍師。《越絕書》中記載有「楚王見劍」的故事，讓我們有幸看到「龍淵」劍的誕生過程。

科技首創：萬物探索與發明發現

領先鑄造 礦產冶煉

　　楚王命令相劍家風鬍子到越地去尋找歐冶子，叫他製造寶劍。於是歐冶子走遍江南名山大川，尋覓能夠出鐵英、寒泉和亮石的地方，只有這三樣東西都具備了，才能鑄製出利劍來。

　　最後，歐冶子來到了龍泉的秦溪山旁，發現在兩棵千年松樹下面有七口井，排列如北，明淨如琉璃，冷澈入骨髓，實乃上等寒泉，就鑿池儲水，即成劍池。

　　歐冶子又在茨山下採得鐵英即純淨的鐵，拿來煉鐵鑄劍，就以這池裡的水淬火，鑄成劍坯。可是沒有好的亮石，終是無法磨出寶劍。

　　歐冶子又爬山越水，千尋萬覓，終於在秦溪山附近一個山呑裡找到亮石坑。發覺坑裡有絲絲寒氣，陰森逼人，知道其中必有異物。於是焚香沐浴，素齋三日，然後跳入坑洞，取出來一塊堅利的亮石，用這裡的水慢慢磨製寶劍。

　　經兩年之久，終於鑄劍三把：第一把叫「龍淵」；第二把叫「泰阿」；第三把叫「工布」。

　　這些劍彎轉起來，圍在腰間，簡直似腰帶一般，若一鬆手，劍身即彈開，筆挺筆直。若向上空拋一方手帕，從寶劍鋒口徐徐落下，手帕即分為二。這些寶劍之所以如此鋒利，皆因取鐵英煉鐵鑄劍，取這池水淬火，取這山石磨劍之故。

　　楚王見劍大喜，乃賜此寶地為「劍池湖」。後在唐代改叫「龍泉」，一直叫到今天。

　　楚王曾引泰阿之劍大破晉軍。當時晉國出兵伐楚，圍困楚都三年，為奪楚國鎮國之寶「泰阿劍」。楚國都城將破之

時，楚王親自拔劍迎敵，突然劍氣激射，飛沙走石，晉軍旌旗僕地，全軍覆沒。

上述記載，雖然帶有傳說的成分，但據現代考古發掘報導，春秋時期，中國的冶金技術確實非常之高，達到了當時世界先進水平。

歐冶子為越王勾踐鑄造的寶劍，被埋在地下數千年，發掘出土後發現還光亮不鏽，十分鋒利。經現代科學研究，這些青銅兵器都經過很好的外鍍處理，表明中國是世界上最早發明金屬外鍍術的國家。

從目前考古發掘結果來看，中國人工冶煉的鑄鐵器具約出現於春秋末期以前。

江蘇省六合縣程橋的東周墓中出土的鐵丸和彎曲的鐵條，經鑑定前者是迄今發現的中國最早的生鐵，為白口鐵鑄件；後者是用早期的塊煉鐵鍛成的。這是世界最早的生鐵。

生鐵是煉鋼的原料。煉鋼的產品多是低碳鋼和熟鐵，但是如果控制得好，也可以得到中碳鋼和高碳鋼。據考古學家考證，中國早在西漢的時候，就已經掌握煉鋼技術，是世界上最早煉鋼的國家。

徐州獅子山楚王陵考古發現：楚王陵保存著一處完整的西漢楚王武庫，庫中堆滿各式成捆的楚漢實戰兵器，兵器雖歷時兩千多年，依然鋒利無比，輕輕一劃刀鋒力透十餘層厚紙。

研究分析表明：當時的鋼鐵技術正處於發展時期，淬火工藝、冷鍛技術、煉鋼製作均已使用。楚王陵的年代下限為

科技首創：萬物探索與發明發現

領先鑄造 礦產冶煉

西元前一五四年，這表明中國在西漢早期已發明並掌握了煉鋼技術。

直至十八世紀中期，英國才發明了煉鋼法，在產業革命中起了很大的作用。

青銅冶煉也是中國獨樹一幟的技術發明。據考古發掘和古書《史記·封禪書》等記載，中國在夏代已冶煉青銅，進入青銅時代。

冶銅技術和規模上在殷商很發達，西周進入鼎盛。表明中國是世界最早冶煉青銅和進入青銅時代的國家。

白銅的發明是中國古代冶金技術中的傑出成就。目前公認的中國也是世界上最早的白銅記載，見於東晉散騎常侍常璩的《華陽國志南中志》卷四。文中記載：「螳螂縣因山名也，出銀、鉛、白銅、雜藥。」

螳螂縣治所在今雲南巧家老店鎮一帶。這裡富產銅礦，而鄰近的四川會理出鎳礦，兩地間有驛道相通，從資源上看，可以肯定螳螂縣所出白銅為鎳白銅。這是有關鎳白銅的最早可靠記載。

在中國古代文獻中，白色的銅合金統稱為白銅，包括三種銅合金：

一是含錫很高的銅錫合金，如被稱作白銅錢的「大夏真興」銅錢和隋五銖錢，經檢驗均為高錫青銅，不含鎳。二是含砷在百分之十以上的銅砷合金，即砷白銅；三是銅鎳合金即鎳白銅。三種白銅中，鎳白銅最為重要，其次是砷白銅。

中國是世界最早用膽水煉銅的國家。西漢時期《淮南萬畢術》記載「曾青得鐵，則化為銅」，東漢時期《神農本草經》說「石膽……能化鐵為銅」，這些距今已約兩千年，比國外約早一千五百年。

　　膽水煉銅或稱「膽銅法」，是宋代最重要的煉銅方法，即把鐵放在膽礬溶液中，使膽礬中的銅離子被金屬鐵置換成為單質銅沉積下來的一種產銅方法。

　　因在金屬活動順序表中，鐵排在銅的前面，表明鐵的金屬活動性強於銅，所以鐵能和銅鹽發生氧化還原反應而置換出銅。

　　失蠟鑄造法是鑄造器形和雕鏤複雜器物的一種精度較高的鑄造方法。中國是世界上最早發明失蠟鑄造法的國家。

　　失蠟法鑄造銅器從文獻記載看，最早是唐代。北宋宰相王溥著的《唐會要》中記載，唐代開元年間使用蠟模鑄造開元通寶，這是中國關於失蠟法的最早記載。

　　從青銅實物考察，一九七九年河南省淅川縣楚國令尹子庚墓出土的銅禁，器體側面和邊沿鑄強國富民呈網狀的相互纏繞的蟠螭，所顯現出的玲瓏剔透的鏤孔就是用失蠟法鑄造的。

　　古代先進的冶金技術靠的鼓風設備。風箱就是中國古代發明的一種世界上最早的鼓風設備。這種古老的設備能夠使爐中的火焰熊熊燃燒起來。

　　考古學家從文獻記載上看到，中國古代的大哲學家老子曾經說：「天地之間，其猶橐龠乎，虛而不屈，動而愈出。」

科技首創：萬物探索與發明發現

領先鑄造 礦產冶煉

這句話的意思是說：天地萬物其實就像一個很大的皮革做的鼓風器，裡面充滿了空氣，所以天不會塌下來。它越是活動，放出的空氣就越多。

橐龠，就是古代的一種鼓風器，是「風箱」一詞的古稱。風箱是一種重要的工具。尤其在冶煉金屬方面，風箱更是必不可少的設備。

風箱在中國的發展經歷了漫長的歲月。從戰國時期的皮革橐龠到東漢時期的木扇式水排，直至宋代的雙動式活塞風箱，這種世界上最古老的鼓風器，使中國古代在這方面的研究一直處在世界先進行列。

總之，中國古代在冶金技術和設備上，創造了多項發明，極大地促進了中國冶煉技術的發展，也為世界冶金業作出了重大貢獻。

閱讀連結

中國古代的冶金工匠們在傳授冶金技藝時，特別強調「悟」的重要性。例如：「爐火純青」這一成語，講的就是在冶煉時有經驗的工匠能透過爐火的顏色來判斷合金澆鑄的適宜溫度，但是對爐火「顏色」的判斷，顯然需要他們在長期的實踐中不斷摸索、領悟才能掌握。

這其實就是古代冶金工匠們在一些關鍵技術環節中透過自己的親身實踐練就的所謂「絕活」，這也正是中國古代能工巧匠輩出、技術工藝精湛的原因所在。

精工利器 技工製造

中國古代獨自創造的技工成就，在經驗性、描述性、實用性與本土化上都是舉世矚目的，並形成了獨特的實用科學體系。

中國古代取得了很多技工成就。

例如：在生活用具方面，筷子、冰箱等的發明，極大地便利了人們的生活，並沿用至今。在工藝方面，漆器是中國古代在化學工藝及工藝美術方面的重要發明，歷經數代不斷發展，明清時期達到了相當高的水準。此外，中國發明的指南針和羅盤，被廣泛應用於諸多領域，在世界科技史上佔有重要地位。

█實用靈便的生活用具

■精美的華蓋

中國古代人的生活一直是現代人感興趣的話題。古人的生活條件雖然與現在相差很大，但是事實上，古人發明創造的許多生活用具，大大彌補了物質條件的某些不足，使生活品質不斷提高。

古人的生活用具很多，不可能一一加以敘述。在這之中的傘、筷子、冰箱、鐘錶、扇子等，古今一直在用，體現了實用性強的特點。

傘最早是中國發明的。據說遠在五帝時期，我們的祖先就開始用傘了。

古籍中有這樣傘的發明記載：「華蓋，黃帝所作也。與蚩尤戰於涿鹿之野，帶有五色雲聲，金枝玉葉，止於帝上，有花葩之象，故因而作華蓋也。」

這段話的意思是說，傘是黃帝發明的，在和蚩尤大戰於涿鹿時所用。而且「有花葩之象」，是根據花盛開時的倒扣狀受到啟發做的，因此稱為「華蓋」。

　　此外，在《史記·五帝本紀》裡也寫道：「舜乃以雨笠自捍而下。」這也是雨傘在堯舜時代就已發明的證據。

　　關於傘的發明還有一種說法。據傳，春秋時期，中國古代最著名的發明家魯班，常在野外工作，如果遇到雨雪，就會全身淋濕。

　　魯班的妻子云氏想做一種能遮雨的東西。她把竹子劈成許多細條，在細竹條上蒙上獸皮，樣子就像一座亭子，收攏似棍，張開如蓋。不論怎麼說，傘的故鄉顯然在中國。

　　在中國古代，傘面是用絲製的，後來傘變成了權勢的象徵。每當帝王將相出巡的時候，按照等級分別用不同的顏色、大小、數量的羅傘伴行，以此來顯示威嚴。直至明代的時候，還規定一般的平民百姓不得用羅傘伴行，只能用紙傘。

　　中國的傘在唐代的時候傳入日本，繼而傳到西方。英國的第一把雨傘就是由中國帶去的。

　　一七四七年，有一個英國人到中國來旅行，看見有人打著一把油紙傘在雨中行走，認為雨傘很實用很便利，就帶了一把傘回到英國。此後，傘就在全世界普及開了。

　　筷子也是中國的獨創，是中國人發明的一種非常有特色的夾取食物的用具，在世界各國的餐具中獨具風采，被譽為中華文明的精華。

科技首創：萬物探索與發明發現

精工利器 技工製造

在遠古的時候，人們吃飯是用手抓的，但是在吃非常熱的食物的時候，因為燙手，拿不住食物，所以就必須借助木棍。這樣，人們就不知不覺地練出了用棍子夾取食物的本領。

大約到了原始社會末期，人們就用樹枝、竹棍、動物骨骼來做成筷子使用了。夏商時期，象牙筷和玉筷已經問世。春秋戰國時期，出現了銅筷和鐵筷。至漢魏六朝，各種規格的漆筷也生產出來了。沒過多久，又有了金筷、銀筷。

筷子不僅用於夾取食物，還有許多寓意。古代的時候，當官的人家為了顯示自己的富有，炫耀門第高貴，請人吃飯的時候常用典雅的象牙筷和金筷。帝王之家一般都用銀筷，目的是檢驗食物中有沒有毒。

古代民間嫁女的時候，嫁妝裡必定少不了筷子，因為有「快生貴子」的意思。古時人死後，冥器裡也必定少不了筷子，說是供亡靈在陰間用。

古時的筷子還起著軍事上的許多其他物品無法代替的作用：

張良用筷子對劉邦作形象的示意，幫他制定了消滅項羽的策略；劉備還在宴會中故意掉落筷子，在曹操面前表明自己是無能膽小之輩；唐玄宗曾將筷子賜給宰相宋璟，讚揚他的品格像筷子一樣耿直；永福公主在自己的婚姻上不服從父皇之命，以折筷表示自己決心已下，寧願折斷也不彎曲。

筷子使用輕巧方便，在一千多年前先傳到了朝鮮、日本、越南等地，明清時期以後傳入馬來西亞、新加坡等地。別小

看使用筷子這件小事，在人類的文明發展史上，也稱得上是一個值得推崇的科學發明。

冰箱的用途很廣泛，為人們帶來了許多方便。實際上，中國在古代就已有了「冰箱」。雖然遠不如現在的電冰箱高級，但仍可以造成對新鮮食物的保鮮作用。

在古籍《周禮》中就提到過一種用來儲存食物的「冰鑒」。這種「冰鑒」其實是一個盒子似的東西，內部是空的。只要把冰放在裡面，然後把食物再放在冰的中間，就可以對食物造成防腐保鮮的作用了。這顯然就是現今地球上人類使用最早的冰箱。

此外，在古書《吳越春秋》上也曾記載：

勾踐之出遊也，休息食宿於冰廚。

這裡所說的「冰廚」，就是古代人們專門用來儲存食物的一間房子，是夏季供應飲食的地方。

明代黃省曾的《魚經》裡曾經說，漁民常將一種鰳魚「以冰養之」，運到遠處，可以保持新鮮，謂之「冰鮮」。可以想像，當時冷藏食物可能比較普遍。

從許多史料可以看出，我們的祖先很早就會利用冰來保持食物的新鮮。因此說，中國是第一個發明冰箱的國家。

眼鏡起源於中國，中國考古學家曾多次在明代以前的墳墓中挖掘出眼鏡來，說明在明代以前，中國就已有眼鏡了。

考古工作者在江蘇揚州地區甘泉山東漢光武帝劉秀之子劉荊之墓中清理出了一批文物，其中居然有一隻小巧玲瓏的

科技首創：萬物探索與發明發現

精工利器 技工製造

水晶放大鏡。這支放大鏡是一片圓形的水晶凸透鏡，鑲嵌在一個指環形的金圈內，能將非常小的東西放大四五倍。

可見在那個時候，中國的造鏡技術和工藝已經達到了很高的水平。

多數的考古學家認為，眼鏡出現於南宋時期，發明者是獄官史沆。那時，中國眼鏡的外形是一個橢圓形的透鏡，透鏡是用岩石晶體、玫瑰色石英、黃色的玉石和紫晶等材料製成的。當時，人們把佩戴眼鏡看作是一種尊嚴的象徵。

因為製作眼鏡鏡框的玳瑁被認為是一種神聖和珍貴的動物，而透鏡的製作材料又是各種非常稀有的寶石，價格異常昂貴。所以，當時人們佩戴眼鏡並不是為了增強視力，而為的是能走好運和對別人顯示富貴。

正是因為當時人們只重視眼鏡的價值而不注意它的實用性，所以在平民百姓當中並不十分流行。

至元代，義大利著名旅行家馬可·波羅，曾經在一二六〇年記下了一些中國老年人佩戴眼鏡閱讀圖書的事。由此可見，眼鏡在元代已經很普遍了。

電熨斗現在已經進入了許多家庭，成為一種不可缺少的電器。據考古學家從挖掘出的古代文物和大量的史料證明，用以熨衣服的熨斗在中國的漢代時就已出現。

晉代的《杜預集》上就寫道：「藥杵臼、澡盤、熨斗……皆民間之急用也。」由此可以看出，熨斗已經是晉代民間的家庭用具。

據《青銅器小詞典》介紹，魏晉時期的熨斗，是用青銅鑄成，有的熨斗上還刻有「熨斗直衣」的銘文，可見那時候的中國古代就已懂得了熨斗的用途。

古代的熨斗不是用電，而是把燒紅的木炭放在熨斗裡等熨斗底部熱得燙手以後再使用，所以又叫做「火斗」。此外，「金斗」也是熨斗的名字之一，是指非常精緻的熨斗，不是一般的民間用品，只有貴族才能享用。

中國古代的熨斗比外國發明的電熨斗早了一千八百多年，是世界上第一個發明並使用熨斗的國家。

鐘錶是我們日常生活中不可缺少的計時器。鐘錶的製造，在中國可以追溯至漢代。

漢代科學家張衡結合觀測天文的實踐發明了天文鐘，可以說這是現在發現的世界上最古老的鐘了。唐代，中國的製表技術有了巨大的發展。

古籍《新唐書·天文志》中就記載了一行等人製造「水運渾天儀」的故事，這個水運渾天儀是世界上最早的一個能自動報時的儀器。

儀器兩旁各站有一個木頭做的小人，每過一刻鐘，小人就敲一下儀器。這種能夠自動報時的儀器比歐洲機械鐘的發明至少要早六百多年。

隨著鐘錶製造業的發展，中國的鐘錶製造技術更加完備，出現了專門製造鐘錶的店鋪，已經能夠製造出各種報時鐘、擺鐘等。表上的指針也從原來的一針、兩針，發展到三針、四針，可以計日、時、分、秒。

科技首創：萬物探索與發明發現
精工利器 技工製造

　　扇子，在中國是一種古老的降溫工具。晉代經學博士崔豹《古今注》一書中說：「舜作五明扇」，「殷高宗有雉尾扇」。古書上所寫的這種扇子是長柄的，由侍者手執，為帝王搧風、蔽日。

　　作為夏天必備的扇子，據考古學家考證，中國扇子的發明至少不會晚於西漢時期。

　　古代扇子的形狀很多，有圓形、長圓、扁圓、梅花、扇形等形狀。其扇面的用料又可分為絲絹、羽毛、紙等。至三國時期，中國開始流行在扇面上寫字繪畫，因而扇子又從一種降溫工具轉變成為一種藝術品。著名文人王羲之、蘇東坡等都有過「題扇」、「畫扇」的動人故事。

　　中國古人對扇子除了扇面、扇形非常講究外，扇柄也十分講究，僅材料就有許多種，如玉石、牙雕、木雕、竹雕、骨雕等。

　　考古學家在江蘇省挖掘出了一座南宋時期的墓地。該墓發現了兩把團扇，均是長圓形，以細木桿為扇軸，其扇面是紙質，呈褐色。其中一把扇子的扇柄為玉石。如此完整的宋代扇子的發現，實為中國古代生活史上一件珍貴的實物材料。

閱讀連結

　　唐玄宗李隆基曾經在宮內修建了一座可以用來避暑的「涼殿」。此殿除了四周積水到處成簾飛灑外，在裡面還安裝了許多水力風扇，即使是在很炎熱的夏天，坐在裡面的人也會感覺到像秋天般涼爽。

據說，當時的一個大學士，從炎熱的陽光下到亭子裡去叩見皇上的時候，由於溫差變化太大，竟然被凍病了。

　　在當時的御史大夫的府裡，也修建了一座「自雨亭子」。每逢炎熱的夏天，御史大夫就躺在亭內消暑。可見古人對夏季降溫想出了很多辦法。

▍古代獨特的漆器

■商代漆豆

　　漆器，是用漆塗在各種器物的表面上所製成的日常器具及工藝品、美術品等。漆有耐潮、耐高溫、耐腐蝕等特殊功能，又可以配製出不同色漆，可使漆器光彩照人。

　　漆器是中國古代在化學工藝及工藝美術方面的重要發明。中國從新石器時代起就認識了漆的性能並用以製器，歷經商周時期直至明清時期，中國的漆器工藝不斷發展，達到了相當高的水平。

科技首創：萬物探索與發明發現

精工利器 技工製造

　　漆器是中華民族對人類文明的重大貢獻。中國的漆工藝可以上溯至遙遠的新石器時代，隨後有過戰國至秦漢的輝煌、宋元時期的鼎盛和明清時期的絢麗，漆器工藝達到了相當高的水平，也留下了大量時代可考、工藝精湛、造型奇特的髹飾珍品。

　　中國古代在製造漆器的時候，往往會加入桐油之類的乾性植物油。桐油是人們從桐樹的種子裡榨出來的。桐油在加熱的作用下，會發生化學反應，因而產生一種薄膜。

　　中國人民從很早的時候就已經認識了桐油成膜的性能，因而廣泛應用，並讓它與漆液合用，這在人類化學史上，是一個卓越的創舉。

　　漆液從漆樹裡分泌出來後，經日曬能夠形成黑色發光的漆膜，這是非常容易觀察到的。中國古代的用自己聰明的大腦和勤勞的雙手，把這種自然現象加以人工利用，就製造出了各種顏色的漆。

　　考古工作者曾在江蘇吳江的新石器時代的晚期遺址中挖掘出過一個漆繪黑陶罐。

　　考古學家透過挖掘還發現，中國古代的早在商代，就已經能夠製造出非常精美的紅色雕花的木漆器，因為考古學家們在安陽殷墟遺址中，出土了一個木漆器，上面有紅色的漆紋印痕。這個木漆器的印痕是世界上現存最古老的漆器紋飾。

　　春秋戰國時期，中國的漆器技術越來越發達，當時的漆器彩繪中，已有紅、黃、藍、白、黑五種顏色，以及多種複色。

秦漢時期，油漆技術又進入一個新的發展階段，並且普及於全國各個地區。《史記滑稽列傳》中，有當時關於「蔭室」的記載，蔭室，就是專門製造漆器的特殊專用房屋。

　　史料記載，漢代時期，中國漆器主要生產地點是四川的成都和廣漢。

　　西晉時期以後到南北朝時期，由於佛教的盛行，出現利用夾紵工藝所造的大型佛像，此時的漆工藝被用來為宗教信仰服務，夾紵胎漆器也因而發展。所謂的夾紵是以漆輝和麻布造型作為漆胎，胎骨輕巧而且十分堅牢。

　　唐、宋、元、明各朝代，中國的漆器技術都有所進展。清代基本是繼承了前代的技術，清代後期，漆器遠銷歐美等國。

　　唐代經濟發達，文化繁榮，種種因素使工藝美術也隨之發達，在藝術、技術以及生產上，皆遠超過前期。唐代漆器大放異彩，呈現出華麗的風格，漆器製作技術也往富麗方向發展，金銀平脫、螺鈿、雕漆等製作費時、價格昂貴的技法在當時極為盛行。

　　宋代漆器的制胎和髹飾技藝已經十分成熟，當時不僅官方設有專門生產機構，民間製作漆器也很普遍。漆器所製作的器皿，樣式多而且善於變化，造型簡樸，表現出器物結構比例之美。宋代漆器常常以素色靜謐為主。

　　明代工藝美術跨入新的階段，官方設廠專制御用的各種漆器，並由著名的漆藝家管理。明代髹飾工藝有很大的革新，

科技首創：萬物探索與發明發現

精工利器 技工製造

結合多種傳統技法，兩種以上的技法相結合，不同的文飾在不同的更換，開創出千文萬華的繁榮局面。

中國古代漆器工藝有描金、螺鈿、點螺、金銀平脫、雕漆、斑漆、戧金等，這些都是中國獨創。

雕漆是在堆起的平面漆胎剔刻花紋的技法。中國雕漆始於唐代，歷史上以元代嘉興西塘的最為著名。這種工藝常以木灰、金屬為胎，用漆堆上，少則八九十層，多達一兩百層，是待半乾時描上畫稿，施加雕刻的一種髹飾技法。一般以錦紋為地，花紋隱起，精麗華美而富有莊重感。

中國的漆器技術在很早的時候就已經傳到了國外，如朝鮮、日本、蒙古、緬甸、印度、柬埔寨等國家，構成了亞洲各國的一門獨特手工藝。

在海洋新航線被發現後，中國漆器傳到歐洲，曾引起歐洲社會上的轟動，受到那裡人民的熱烈歡迎。十七、十八世紀以後，歐洲各國仿製中國的漆器成功。

閱讀連結

在古代，漆器不僅作為貢品進貢給皇帝，而且皇帝還把它作為貴重物品賞賜給臣屬或饋贈給外國友人。

據文獻記載，北魏孝明帝正光年間，柔然主阿那環歸國，詔賜以黑漆槊、朱漆弓箭、朱畫漆盤等。

唐玄宗、楊貴妃也曾以各種平脫漆器賞賜給節度使安祿山。明成祖朱棣曾將雕漆器物饋贈給外國友人。

明代永樂皇帝先後三次贈日本國王及王妃雕漆禮品達一百八十六件之多。

　　清代乾隆皇帝祝壽時，經英使馬戛爾贈送給英王的雕漆多至數十件。

指南針及羅盤的研製

■古代司南

　　指南針是一種判別方位的簡單儀器，又稱「指北針」。常用於航海、大地測量、旅行及軍事等方面。在指南針發明以前，古人是用天星來辨別方位的。我們的祖先就發明日圭用來分辨地平方位。日圭就是最早的羅盤。

　　中國發明的指南針和羅盤，對後來科學和技術的發展有極其重要的意義。

科技首創：萬物探索與發明發現

精工利器 技工製造

指南針是測量地球表面的磁方位角的基本工具，它的前身是中國古代四大發明之一的司南。

其主要組成部分是一根裝在軸上可以自由轉動的磁針，磁針在地磁場作用下能保持在磁子午線的切線方向上，磁針的北極指向地理的南極，利用這一性能可以辨別方向。

西元前三百年的戰國末期，當時的人已經發現了磁石具有吸鐵的能力，並且已經開始大量開採使用磁石，發明了「司南」，這是指南針的雛形。

「司南」是把磁石磨成長柄的勺子形，放在一個分成二十四個方向的銅盤上，「勺子」底很滑，銅盤也很滑，使「勺子」旋轉，停止時，勺柄指著的方向便是南方，勺頭指的方向就是北方。這是指南針的鼻祖。

由於天然磁石在強烈的震動和高溫下，容易失去磁性，加上使用「司南」還需銅盤等許多輔助設備，很不方便。於是人們又對「司南」進行了改造。

至十一世紀後，人們又發現了鐵在天然磁石上摩擦後，也可以產生磁力，而且比天然磁石穩定，於是便製作了人造磁鐵。

後來，有人用人造磁鐵製造了「指南魚」、「指南人」等形狀各異的用於辨別方向的指南器具。

宋代科學家沈括在他的著作《夢溪筆談》中記載了幾種「指南針」的構造，記述了它的四種用法。

經過人們不斷整合經驗，對指南針進行改革，磁勺子由粗變細，逐漸成為一根針，磁針針尖指南，針尾指北，由此確定方向，指南針由此誕生。

指南針為我們的生活帶來了許多方便，使人們無論是在浩瀚無邊的大海，還是在高深莫測的天空，都可以辨別方向，不至於迷路。

科學史專家李約瑟博士指出：中國發明的利用指針標度盤的這些裝置，是「所有指針式讀數裝置中最古老的」，並且「是在通向實現各種標度盤和自動記錄儀表的道路上邁出的第一步」。

羅盤實際上就是利用指南針定位原理用於測量地平方位的工具，羅盤在風水上用於格龍、納水和確定建築物的坐向。

在指南針發明以前，地平方位不可能劃分得很細。只能用北、東北、東、東南、南、西南、西、西 干支羅盤北八個方位來描述方向和方位。

隨著加工業的發展，磁針由原來的匙形轉變為針形，並由水浮磁針轉變為用頂針，使指南針的測量精度更加準確。

中國古人古人憑著經驗把宇宙中各個層次的訊息，如天上的星宿、地上以五行為代表的萬事萬物、天干地支等，全部放在羅盤上。風水師則透過磁針的轉動，尋找最適合特定人或特定事的方位或時間。儘管風水學中沒有提到「磁場」的概念，但是羅盤上各圈層之間所講究的方向、方位、間隔的配合，卻暗含了「磁場」的規律。

科技首創：萬物探索與發明發現

精工利器 技工製造

　　羅盤的發明和應用是人類對宇宙、社會和人生的奧祕不斷探索的結果，羅盤上所標示的訊息蘊含了大量古老的中國人的智慧。

閱讀連結

　　相傳黃帝發明了指南車。黃帝和蚩尤大戰於涿鹿之野，黃帝每當戰鬥即將勝利之時，總是有大霧瀰漫山野，讓人辨不出方向，以致前功盡棄。原來，這漫天大霧是蚩尤在祭壇上作法所致。

　　黃帝想，必須造出一個指示方向的工具，方能破掉霧，一舉破之。他立即吩咐能工巧匠，按照他的計劃造指南車。在指南車造好後的一個黃昏，黃帝率領部落，大舉進攻蚩尤。

　　這時蚩尤再作霧也不靈了，黃帝部落在指南車的指引下，在迷霧中大敗蚩尤，最終獲勝。

傳統醫道 醫療衛生

　　中國傳統醫學是中華民族在長期的醫療、生活實踐中，不斷積累、反覆總結而逐漸形成的具有獨特理論風格的醫學體系。它傳播至全世界，對人類文明和社會進步產生了重大推動作用，被公認為一項「大發明」。

　　中國傳統醫學取得了多項世界第一。戰國時期名醫扁鵲的四診法，是中國傳統醫學文化瑰寶；漢代醫生華佗發明的麻沸散，是世界醫學史上最早的麻醉方劑；中醫學在理論體系、診斷和治療方法，以及外科、免疫、養生等方面的成就獨步天下。

▌傳統醫學瑰寶四診法

■扁鵲塑像

傳統醫道 醫療衛生

　　四診法是古代戰國時期的名醫扁鵲根據民間流傳的經驗和他自己多年的醫療實踐，總結出來的診斷疾病的四種基本方法，即望診、聞診、問診和切診，總稱「四診」，古稱「診法」。

　　四診法的基本原理是建立在整體觀念和恆動觀念的基礎上的，是陰陽五行、藏象經絡、病因病機等基礎理論的具體運用。它自創立以來，得到了不斷的發展和完善，是中國傳統醫學文化的瑰寶。

　　春秋戰國時代的民間醫生扁鵲，對四診法的形成與確立，曾經作出了巨大的貢獻。

　　《史記·扁鵲傳》記載：有一次扁鵲行醫到晉國，正遇上趙簡子患重病，已經昏迷五天，不省人事。他的親人和幕僚非常擔心，請扁鵲來給趙簡子治病。

　　扁鵲透過切脈，察覺趙簡子的心臟還在輕微跳動，又透過問診，瞭解到當時晉國的政治鬥爭非常激烈，於是斷定趙簡子是由於在政治鬥爭中用腦過度，一時昏迷，並沒有死。

　　經過扁鵲精心治療，三天之內，趙簡子的病就好了。這說明，扁鵲非常精通望、聞、問、切四診法。幾千年來，「四診法」已經成為了中醫診病的基本方法。

　　望診是根據臟腑經絡等理論進行的診法。人體外部和五臟六腑關係密切，如果人體五臟六腑功能活動有了變化，必然反映到人體外部而表現為神、色、形、態等各方面的變化。所以觀察體表和五官形態功能的變化徵象，可以推斷內臟的變化。

在具體步驟上，望診可分為望神、望面色、望形態、望頭頸五官、望皮膚、望脈絡、望排出物等。望診的重點在望神、望面色和舌診。因面、舌的各種表現，可在相當程度上反映出臟腑功能變化。

聞診是醫生運用自己的聽覺和嗅覺，透過對病人發出的聲音和體內排泄物散發的各種氣味來推斷疾病的診法。透過聽聲音，不僅可以診察與發音有關器官的病變，還可以根據聲音的變化，診察體內各臟腑的變化。

聽聲音包括：語聲、呼吸、咳嗽、呃逆、噯氣等。

嗅氣味分為嗅病體和病室的氣味兩種。其中，病體的氣味主要是由於邪毒使人體臟腑、津液產生敗氣，從體竅和排出物發出；病室的氣味由病體及其排泄物散發的，如瘟疫病人會使霉腐臭氣充滿室內。

問診是醫生採用對話方式，向病人及其知情者查詢患者疾病發生、發展、現在症狀、治療經過等情況的診法。

問診主要是對客觀難以察知的疾病情況，如在疾病體徵缺乏或不明顯時，發現可供診斷的病情資料，或提供進一步檢查線索；同時，可全面掌握與疾病有關的一切情況，包括病人的日常生活、工作環境、飲食嗜好、婚姻狀況等。

問診的基本內容包括患者的一般情況、主訴、現病史、現在症狀、既往病史、個人史、家族史等。其中，現在症狀的問診主要為：問寒熱、問睡眠、問情志、問二便等。

切診是醫生用手對患者體表進行觸摸、按壓的診法。切診包括脈診和按診兩部分。脈診又稱為切脈、診脈，是透過

對脈象變化的體察，瞭解體內病變的切診方法。按診，是用手觸摸按壓病人體表某些部位，以瞭解局部異常變化，從而推斷病變部位性質和病情輕重等情況的切診方法。

以上診斷疾病的四種方法彼此之間不是孤立的，是相互聯繫的。必須將四診收集到的病情，進行綜合分析，去粗取精，去偽存真，才能作出全面的科學判斷。

扁鵲所總結出來的「四診法」，完全符合現代科學中的整體方法、系統方法、辨證方法等理論，這不能不令人敬佩。扁鵲也被醫學界稱為「脈學之宗」。千百年來，中國的「脈學」一直在百家爭鳴中前行。

晉代醫學家王叔和撰成的《脈經》，是中國現存最早的一部系統論述脈學的專著。此書是對以前脈學的系統總結，共十卷，摘錄了《內經》、《傷寒論》、《金匱要略》及扁鵲、華佗等有關論說，對脈理、脈法進行闡述、分析，並提出了自己的見解。

在《脈經》一書中，王叔和首次把脈象歸納為浮、芤、洪、滑、數、促、弦、緊、沉、伏、革、實、微、澀、緩、遲、結、代、動二十四種，對每種脈象的形象、指下感覺等作了具體的描述，並指出了一些相似脈象的區別。

分八組進行了排列比較，初步肯定了左手寸部脈主心與小腸、關部脈主肝與膽，右手寸部脈主肺與大腸、關部脈主脾與胃，兩手尺部主腎與膀胱等寸關尺三部脈的定位診斷，為後世中醫脈學的發展奠定了重要的基礎。

一二四一年，宋代醫學家施發著《察病指南》一書，以闡述脈學為主，兼附聽聲、察色、考味等診法，是中國現存較早而系統的一部診斷學專著。

　　《察病指南》以論脈為主，對平脈、病脈以及診脈原理皆根據古聖賢的遺論，加以補充。尤其值得提出的是，書中以脈搏跳動的現象，創製三十三種脈象圖。此圖距今已七百多年，是世界現存最早的脈象圖。

　　中國的「脈學」發展至明代，有了新突破。明代醫藥家李時珍所撰的《瀕湖脈學》、《奇經八脈考》、《脈學考證》，都是有關「脈學」的論著。

　　《瀕湖脈學》是作者研究「脈學」的心得。他根據各家論脈的精華，列舉了二十七種脈象，全面地敘述有關「脈學」的各種問題。其中同類異脈的鑑別點和各種象的相應病症，都編成歌訣，以幫助誦記。

　　《奇經八脈考》是研究「奇經八脈」的專論。本書不但詳敘「奇經八脈」的循行路線，還結合所主病症，提出相應的治療。同時也是憑脈診斷疾病的一種依據，對學習和研究「脈學」具有參考價值。

　　《脈訣考證》集錄明以前各家對「脈學」的不同意見，結合作者自己的見解，探討「脈學」上的實際問題，對研究「脈學」造成了論證和解決部分存疑問題的作用。

閱讀連結

懸絲診脈指的是古代男女授受不親，因此就把絲線的一頭搭在女病人的手腕上，另一頭則由醫生掌握，醫生必須憑藉著從懸絲傳來的手感猜測、感覺脈象，診斷疾病。

《封神榜》描述說，商紂王寵妃妲已化成美女，淫亂朝綱，禍國殃民。有三隻眼睛的聞太師識破了妲己的真面目，再三向紂王進諫，紂王不信。

聞太師說：「她是人是妖，我只要一切脈便知分曉。」

紂王說：「我的愛妃怎能讓你這臣子診脈？」

聞太師說：「可以懸絲診脈。」他將三個指頭接到線上，診出妲己果真是妖精。

▋世界最早的麻醉劑

麻沸散是世界醫學史上最早的麻醉方劑，應用全身麻醉進行手術治療，可以減輕患者的痛苦。這是中國醫學史上的創舉。

早在東漢三國時期，中國古代著名的醫學家華佗就已經能夠運用當時的麻醉術對病人進行一些複雜的腹腔手術。

■華佗畫像

　　東漢時期末年在中國誕生了三位傑出的醫學家，史稱「建安三神醫」。

　　其中，董奉隱居廬山，留下了膾炙人口的杏林佳話；張仲景撰寫《傷寒雜病論》，理法謹嚴，被後世譽為「醫聖」；而華佗則深入民間，足跡遍於中原大地和江淮平原，在內、外、婦、兒各科的臨證診治中，曾創造了許多醫學奇蹟，尤其以創麻沸散、行剖腹術聞名於世，並被後世尊之為「外科鼻祖」。

　　華佗行醫，並無師傳，主要是精研前代醫學典籍，在實踐中不斷鑽研、進取。當時中國醫學已取得了一定成就，《黃帝內經》、《黃帝八十一難經》、《神農本草經》等醫學典籍相繼問世，望、聞、問、切四診原則和導引、針灸、藥物等診治手段已基本確立和廣泛運用。

與此同時，古代醫家，如戰國時期的扁鵲，西漢時期的倉公，東漢時期的涪翁、程高等，所留下的不慕榮利富貴、終生以醫濟世的動人事跡，所有這些不僅為華佗精研醫學提供了可能，而且陶冶了他的情操。

關於華佗行醫的記載有很多，如《三國志》：華佗曾在徐州地區漫遊求學，通曉幾種經書。他性情爽朗剛強，淡於功名利祿，曾先後拒絕太尉黃琬徵召他出任做官和謝絕沛相陳珪舉他當孝廉的請求，只願做一個平凡的民間醫生，以自己的醫術來解除病人的痛苦。

華佗本是士人，一身書生風骨。數度婉拒為官的薦舉，寧願手捏金箍鈴，樂於接近群眾，足跡遍及江蘇、山東、安徽、河南等地，在疾苦的民間奔走。行醫客旅中，起死回生無數。

經過數十年的醫療實踐，華佗的醫術已達到爐火純青的地步。他熟練地掌握了養生、方藥、針灸和手術等治療手段，精通內、外、婦、兒各科，診斷精確，方法簡捷，療效神速，被譽為「神醫」。

華佗在行醫過程中創製的麻沸散，在他的諸多醫術中獨樹一幟。他在多年的醫療實踐中，繼承了原來先秦時期用酒作為麻藥的經驗，創造了用酒服麻沸散的辦法。

在華佗之前，就有人使用酒作為麻藥，不過真正用於動手術治病的卻沒有。

華佗總結了這方面的經驗，又觀察了人醉酒時的沉睡狀態，發明了酒服麻沸散的麻醉術，正式用於醫學，從而大大提高了外科手術的技術和療效，並擴大了手術治療的範圍。

《後漢書·華佗傳》記載：當疾病聚集在人體內部，用針灸和服藥的辦法都不能夠治癒的時候，必須讓病人先用酒沖服麻醉藥喝下去，等病人猶如酒醉而失去痛覺後，就可以開始動手術。

首先，要切開病人的腹腔或背部，把腫瘤切除。如果病在腸胃，那就要把腸胃切開，除去裡面的腫瘤，然後清洗乾淨，把切斷的腸胃縫合，在縫合處敷上膏藥。

這種在當時算得上比較危險的療法，卻能夠在四、五天內癒合，一個月之內恢復正常。

《後漢書·華佗傳》的這段生動詳細的描寫，使我們知道了中國人早在近兩千年前的三國時期，就已經能夠做腹腔腸胃腫瘤的切除手術，並且能夠使傷口在一個月內完全恢復。這是世界施行最早的腹腔大手術。

華佗能夠非常順利地進行這樣高明而且成效卓著的外科手術，顯然是和他透過多年積累創製的麻醉術分不開的。

當華佗施用麻沸散做外科手術時，西方外科醫生還在用木棍擊昏病人進行手術，而據記載，麻沸散比一八〇五年日本岡青州發明的麻醉藥早一千六百多年。

可見麻沸散意義非常重大。可惜的是，關於麻沸散的藥物組成，現在已完全失傳。後人推測可能有曼陀羅花一類藥物。

科技首創：萬物探索與發明發現

傳統醫道 醫療衛生

據現代的科學家研究，麻沸散可能和睡聖散、草烏散、蒙汗藥類似。古籍《扁鵲心書》記有用睡聖散作為麻醉藥，它的主要藥物就是曼陀羅花。

研究證明，曼陀羅花可以作為手術的麻醉藥。實踐證明，這種天然的麻醉藥不僅效果可靠、使用安全，而且有抗休克、抗感染的優越性，這是其他現代西方的麻醉藥所不能比的。

華佗不但精通方藥，而且在針術和灸法上的造詣也十分令人欽佩。他每次在使用灸法的時候，只取一、兩個穴位，灸七、八椿，病就好了。

用針灸治療時，也只針一兩個穴位，告訴病人針感會達到什麼地方，然後針感到了他說過的地方後，病人就說「已到」，他就拔出針來，病也就立即好了。

如果有病邪鬱結在體內，針藥都不能直接達到，他就採用外科手術的方法祛除病患。他所使用的「麻沸散」是世界史最早的麻醉劑。

總之，華佗採用酒服「麻沸散」施行腹部手術，開創了全身麻醉手術的先例。這種全身麻醉手術，在中國醫學史上是空前的，在世界醫學史上也是罕見的創舉。

閱讀連結

自從有了麻醉法，華佗的外科手術更加高明，治好的病人也更多。他在當時已能做腫瘤摘除和胃腸縫合一類的外科手術。

一次，有個推車的病人，曲著腳，大喊肚子痛。不久，氣息微弱，喊痛的聲音也漸漸小了。

華佗切他的脈，按他的肚子，斷定病人患的是腸癰。因病勢凶險，華佗立即給病人用酒沖服「麻沸散」，待麻醉後，又給他開了刀。這個病人經過治療，一個月左右病就好了。他的外科手術，得到歷代醫家的推崇。

古代醫學的傑出成就

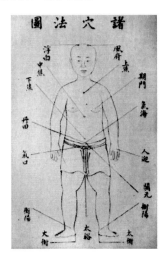

■古代醫書上的針灸穴位圖

中醫學是中國古代科技領域的傑出成就，它由中國獨創，產生於中國古代社會，是中國古代科學技術的傑出代表。中醫學大大推動了人類文明和社會進步。

古代獨創的醫學成就是多方面的，包括獨特的理論體系，卓有成效的診斷方法和治療方法，還有在外科、免疫、養生

傳統醫道 醫療衛生

保健及專業著作方面的成就，在人類歷史上留下了輝煌的篇章。

中醫中藥在幾千年的歷史長河中，確立了獨特的理論體系，並一直有效地指導著中醫藥的診療實踐。

中醫藥學體系是以中國古代盛行的陰陽五行學說，來說明人體的生理現象和病理變化，闡明其間的關係，並將生理、病理、診斷、用藥、治療、預防等有機地結合在一起，形成了一個整體的觀念和獨特的理論，作為中國傳統醫藥學的基礎。

這一學說的內容包括以臟腑、經絡、氣血、津液為基礎的生理、病理學；以望、聞、問、切「四診」進行診斷，以陰陽、表裡、虛實、寒熱「八綱」進行歸納治療的一整套臨床診斷和辨證施治的治療學。

以寒、熱、溫、涼「四氣」和酸、甜、苦、辛、鹹「五味」來概括藥物性能的藥物學。

以「君臣佐使」、「七情和合」進行藥物配伍的方劑學；以經絡、腧穴學說為主要內容的針灸治療學。

此外還有推拿、氣功、導引等獨特的治療方法。

中醫藥學體系經歷代不斷發展和完善，到了中國最早的一部重要醫學文獻《黃帝內經》，總結了秦漢戰國及春秋以前許多醫家的經驗和醫學成就，體現了周秦時期的醫學特點，確立了中醫學獨特的理論體系，成為中醫發展的基礎。

在診斷方法上，「脈診」是中醫藥學上一項獨特的診斷方法。據《史記》記載，戰國時的扁鵲已能透過脈診確定病人的病情，然後對症下藥，反映了當時已掌握了「脈診」的方法。從此，「脈診」成為中醫藥學的一個重要組成部分。

中國的「脈診」很早就傳到國外，除鄰近的日本、朝鮮等國外，大約在十世紀時已傳至阿拉伯，十七世紀時傳至歐洲，對世界醫學的發展有著一定的影響。

在治療方法上，針灸是中國獨創性的一種治療方法，其特點是在病人身體的一定部位用針炙入，或用火的溫熱燒灼局部位置，以達到治病的目的。

這一療法大約起源於新石器時代，古人就已經有了用砭石治病的經驗，以後發展為針灸。周代以後逐漸形成為一項專門的治療方法。

在長沙馬王堆漢墓出土的周代古醫籍中，有《足臂十一脈灸經》、《陰陽十一脈灸經》等帛書，反映了當時經絡學說已基本確立。

《內經》和《難經》中詳細記載了人身十二正經、奇經八脈和全身脈絡、腧穴以及它們的分佈循行與針療、刺法、刺禁、灸法、灸禁等具體內容，並高度評價了經絡的「決死生，處百病，調虛實」的重要作用，對中國醫學和世界醫學的發展做出了獨特的貢獻。

針灸療法早在漢唐時就傳到日本、朝鮮等國，宋元時期後又相繼傳到阿拉伯和歐洲，震撼了國際醫學界，影響了世界醫學的發展。故外國學者多稱譽中國為「針灸的中國」。

科技首創：萬物探索與發明發現

傳統醫道 醫療衛生

在外科學方面，中醫堅持了整體的觀念，既重視體表疾患的局部表現，更重視患者機體的內在變化；既重視手術、手法的治療，更重視機體抗病能力的增強。

這樣的思想，在骨科治療展現得更為突出。因此，在治療過程中不僅注意了局部的處理，而且強調適當的活動和功能鍛鍊，同時配合活血化淤和調理臟腑功能的藥物，收到了良好的療效。

中國在十一世紀時，解剖學仍是比較先進的。但在西方醫學中，人體解剖學一般都發展得比較晚，歐洲在十六世紀以前多為對動物的解剖，很少有對人體解剖的研究，故中國的人體解剖學較國外至少要早十六個世紀。

中醫對人體血液循環也有最早的認識。對人體封閉式血液循環及其與心、肺的密切關係，早在《內經》中已有較細緻的描述，還對動、靜脈血液的性質進行了鑑別。其中有關人體血液循環的精闢論述，較西方醫學對此的描述要早約兩千年。

麻醉藥物的發明，是中醫外科的又一重大成就。東漢名醫華佗，用麻沸散進行全身麻醉下的剖腹手術，在世界上屬於首創。

中國是免疫學的發源地，免疫思想很早就已萌發。東晉道教學者、著名煉丹家、醫藥學家葛洪所著的《肘後方》中記有「療猘犬咬人方」，即當人被狂犬咬傷後，把咬人的狂犬殺掉，取狂犬的腦子敷貼於傷口上，以防治狂犬病。

大約在十七世紀末，中國的人痘接種法傳到俄國，繼之又傳入歐洲，對保護兒童的健康作出了重大的貢獻。一七九六年英國醫生琴納發明牛痘接種法後，方逐漸代替了人痘接種法。

早在上古時期，人類就飽受天花危害。一世紀時，天花傳到了中國，幾千年來人們受盡天花的折磨。因此，中國古代醫家就創造了預防天花病的「人痘接種法」。

清代張琰《種痘新書》記載：「自唐開元年間，江南趙氏始傳鼻苗種痘之法。」這是預防天花的最早記載。

據清代朱純嘏《痘疹定論》記載：相傳宋真宗的丞相王旦，原本兒女滿堂，可均死於天花。後來老丞相又得一個兒子，取名王素，活潑可愛，天資聰穎，是丞相的命根子。

丞相擔心他再遭厄運，染上天花，便請來峨眉山道醫為其種痘。小王素種痘後七日發熱，痘出甚好，十三日結痂。並且再未患天花，活了六、七十年。

十七世紀末，人痘接種法已推廣到全國，技術也逐漸完善，並先後傳到了俄國和土耳其。當時的英國駐土耳其大使夫人蒙塔古因患天花而留下麻臉，十分痛苦。

她在君士坦丁堡看到當地孩子的種痘效果很好，就在一七一七年給自己的兒子也種了人痘，後來，她隨丈夫回到英國，便把中國這種人痘接種法傳到了英國。

英國國王知道這件事情以後，還特地表彰了蒙塔古夫人。

　　不久，中國的人痘接種法又由英國傳到了歐洲各國和印度，直至世界各地。

　　一七七六年初，美國獨立戰爭時期，美軍首領喬治·華盛頓在軍隊面臨天花威脅、兵源枯竭危及全軍之際，毅然決定對駐地費城天花流行區的大陸軍全部接種人痘苗，避免了大陸軍實際上的瓦解，從而使美國的獨立戰爭取得了最終的勝利。

　　中國古代中醫學著作可謂卷帙浩繁，並取得了舉世矚目的成就。

　　世界上的第一部藥學專著，是東漢時期完成的《神農本草經》。這本書現雖已失傳，但其豐富的內容仍被保留在以後歷代編修的本草書錄中，並被列為中國醫學四大經典著作之一。

　　這部藥學經典，較歐洲可與之比美的藥學書至少要早十六個世紀。

　　世界上的第一部臨床醫學專書，是東漢時期張仲景的《傷寒雜病論》，闡述了中醫辨證施治理論。它不僅一直指導著中國醫學家的臨證治療，而且還流傳到國外，影響深遠，是世界上第一部經驗總結性的臨床醫學巨著。

　　世界上最早的煉丹文獻，是東漢時期魏伯陽著的《周易參同契》，這是世界上最古老的煉丹文獻，也是近代化學的前驅。世界上的科學家們也公認煉丹術起源於中國。

第一部脈象診斷學，是西晉時期王叔和所著的《脈經》，其特點在於正確描述和區分各種脈象，並將脈、證、治三者結合進行分析，故對世界醫學影響很大。

　　早在五八二年，中國的脈診學就傳到朝鮮、日本等國，七百年後為阿拉伯醫學所吸收，並於十世紀被中東醫聖阿維森納在他的名著《醫典》中引述。

　　現存最早的外科專著，是南齊醫家龔慶宣著述的《劉涓子鬼遺方》。這本書扼要總結治療金瘡、癰疽、瘡癤和其他皮膚病等方面的經驗，收列內、外治法處方約一百四十多個，並最早創造了用水銀外治皮膚病的方法。中國運用水銀軟膏較國外至少要早六個多世紀。

　　中國現存最早的傷科專著，是唐代藺道人著述的《仙授理傷續斷祕方》。重點敘述了關於骨折的處理步驟和治療方法，包括手技復位、牽引、擴創、固定等內容。

　　提出了對一般骨折復位後用襯墊固定，並指出要注意關節活動；對開放性骨折，則主張快刀擴創，避免感染；對肩關節脫臼，已能採用「椅背復位法」，這也是世界整骨學的首創。

　　半個世紀以後，元代危亦林使用懸吊復位法治療脊椎骨折也是世界上的創舉，英國達維氏直至一九四七年才提出此法，較危氏法晚六百年。

　　世界藥學史上的偉大著作，是明代李時珍的《本草綱目》。此書載藥一千八百九十二種、藥方一萬一千多條、插圖一千一百六十幅，在當時可說是集中國中藥之大成，不僅

彙集了以往各藥學著作的精華，也對過去某些藥書記述錯誤及不真實的數據和結論作了一些糾正和批判。

據知，十六世紀的歐洲，尚無能名之為植物學的著作，直至一六五七年波蘭用拉丁文譯出本書後，才推動了歐洲植物學的發展。在《本草綱目》成書後近兩百年，林納才達到相同的水平。

由於《本草綱目》的輝煌成就，該書被稱譽為「東方醫學巨典」，先後被譯成多種外文出版，是研究植物學、動物學和礦物學的重要參考數據。李時珍亦被列為世界著名科學家之一。

世界上的第一部藥典，是唐代李勣等人對《本草經集注》詳加訂注，增藥一百一十四種，分為玉石、草、木、獸、禽、蟲、魚、果、菜、米穀及有名未用等十一類，凡二十卷，名為《新修本草》，後世稱為《唐本草》。

這是中國也是世界上第一部由國家編撰頒布的藥典。它比世界上有名的《紐倫堡藥典》要早八百八十三年。《新修本草》書成後八百多年後，在日本始出現傳抄本。

世界上第一部系統的法醫學專著，是宋代宋慈所著的《洗冤集錄》，是世界上第一部系統的法醫學專著，在法醫學史上佔有重要的地位。

除了以上所舉的一些事例外，在中國醫學還有諸如種痘、司法檢驗及營養療法等領域的創見和成就，也列居世界之顯位。故有人說：中國除了「四大發明」外，中醫藥應是對世

界的第五大貢獻。從醫學發展史和現狀看，這種說法一點也不誇張。

閱讀連結

張仲景在長沙為官時，有一年當地瘟疫流行，很多人耳朵都凍爛了。他叫弟子在南陽東關的一塊空地上搭起醫棚，在冬至那天向窮人捨藥治傷。

張仲景的藥名叫「袪寒嬌耳湯」，其做法是用羊肉、辣椒和一些袪寒藥材在鍋裡煮熬，煮好後撈出來切碎，用面皮包成耳朵狀的「嬌耳」，下鍋煮熟後分給病人。每人兩只嬌耳，一碗湯。

人們吃下後渾身發熱，血液通暢，兩耳變暖，吃了一段時間，爛耳朵就好了。人們稱這種食物為「餃耳」、「餃子」或偏食。

▌中國獨創的養生之道

■青玉上的運氣口訣

　　養生之道，自古以來為中國民眾保健防病所重視。隨著中國社會的進步和科學文化的發展，攝生養性的內容已逐步形成了豐富多彩的中華養生學。

　　中國古代的養生之道，內容浩富，立論精湛，透過動形養生、飲食養生、修身養性、靜神養生、調氣養生等多方面修煉技法，以達到調身、調心、調息、調食、調眠的「調養」目的。

　　中國古代中醫養生的基本原則，就是人應該順應大自然的規律，比如春天的時候，要有一種生發之氣，冬天則不能太張揚、太發散，萬物處於祕藏。中醫還主張養生因時、因地、因人而異等。

中國獨創的養生之術，就是在養生基本原則指導下，經過歷代逐漸建立起來的，並不斷發展與完善，最終形成了動形養生、飲食養生、修身養性、靜神養生、調氣養生等多方面修煉技法。

所謂動形養生，中醫認為，「人欲勞於形，百病不能成」。因此，古人在醫療及生活實踐中摸索形成了諸如氣功、太極拳、八段錦、五禽戲等動形方式，以強身延年。

氣功古稱導引、行氣、練功、養生、吐納。

殷周時期，中國人開始練習氣功。它以「經絡論」、「氣功論」為理論基礎，主要透過控制意念活動，調整呼吸氣息，並輔之一定動作的活動，達到健身延年，防病、祛病的目的。

由此證明，中國發明氣功已三千多年，是世界最早發明氣功的國家。

古代醫書《黃帝內經》的養生思想極其豐富，基本原則是「順自然，保正氣。」主要觀點有：

「法於陰陽」，即順應天時，順應四季氣候以養生，保護生機，提倡「春夏養陽，秋冬養陰」；

「和於術數」，主張動以養形，導引、按摩、氣功、無所不包；

「食飲有節」，包括飲食和五味不能偏嗜；

「起居有常，不妄作勞」，指四季的作息制度與勞逸的適度，以防「過用病生」；

「恬淡虛無」，注意精神調攝。同時已認識到長生不死是不可能的，壽命的極限即天年是「度百歲乃去」。

《莊子》講「吐故納新，熊經鳥申，為壽而已矣；此道引之士，養形之人」。

「吐故納新」指做氣功，「熊經鳥申」講人就像熊一樣攀援，像鳥一樣左顧右盼。這兩種方法就是導引，導引就是《莊子》所說的「道引」，是中國獨特的健身醫療的養生方法，在春秋時期已經比較普及。據考古發現，湖南省長沙市馬王堆漢墓中出土的一卷有四十四幅圖像的《導引圖》，是已發現的中國最早導引形象資料，也是世界現存最早的醫療體操圖解。

《導引圖》中的男女老少，有的裸背，有的著衣，有的徒手屈指，有的執杖拿物，有的模仿熊猴豺狼的姿勢，有的模仿龍鶴鵬鷹的動作。

《導引圖》所描繪的呼吸運動文字說明中有「印渾」兩字，是直接提到呼吸的。古代的「印渾」是仰身鳴叫的意思。圖的形態是胸部擴張，雙手向後舉，其動作是加強對心肺功能的鍛鍊。

《導引圖》中除極個別的蹲、跪式外，其餘全部為立式運動。如上肢運動有「龍登」，擴胸運動有「印淬」，體側運動有「螳螂」，腹背運動有「滿政」，跳躍運動有「引頸」等。

《導引圖》除徒手操外，還發現使用棍仗式運動，作屈身轉體運動狀，雙手持杖。文字說明是「以文通陰陽」。這

裡的「文」是指棍仗。還有折腰式轉體運動，腳下有一球狀物，也是器械運動的形態。

《導引圖》文字說明中直接提到治病的項目共有「煩」、「痛明」、「引聾」、「引溫病」等十二處，說明導引不僅對四肢部位的膝痛、消化系統的腹中，五官的耳目，甚至與某些傳染病的治療有著密切關係。

太極拳也是動形養生的主要內容。太極拳綜合吸收了明代名家拳法，特別是戚繼光的三十二式長拳，同時結合了古代導引、吐納之術，並注重傳統陰陽學說和中醫經絡學說，使太極拳成為了中國獨有的養生保健運動項目。

八段錦是中國的一個優秀傳統保健功法，形成於十二世紀，後在歷代流傳中形成許多練法和風格各具特色的流派，動作簡單易行，功效顯著。

古人把八段錦這套動作比喻為「錦」，意為動作舒展優美，如錦緞般優美、柔順；又因為功法共為八段，每段一個動作，故名為「八段錦」。整套動作柔和連綿，滑利流暢；有鬆有緊，動靜相兼；氣機流暢，骨正筋柔。

八段錦歌訣說：「雙手托天理三焦，左右開弓似射鵰，調理脾胃單舉手，五勞七傷往後瞧，搖頭擺尾去心火，背後七顛百病消，攢拳怒目增氣力，兩手攀足固腎腰」。可見這個功的養生保健作用，而且它對場地顯然沒有特別的要求。

五禽戲是中國古代體育鍛鍊的一種方法，創始人是東漢晚期名醫華佗。華佗總結了前人模仿鳥獸動作以鍛鍊身體的傳統做法，創編了一套保健體操，包括虎、鹿、熊、猿、鳥

的動作和姿態，也就是五禽戲。它比瑞典發明的醫療體操要早一千多年。

　　一次，華佗看到一個小孩抓著門閂來迴蕩著玩耍，便聯想起「戶樞不蠹，流水不腐」的道理，於是想到人的大多疾病都是由於氣血不暢和淤寒停滯而造成的，如果人體也像「戶樞」那樣經常活動，讓氣血暢通，就會增進健康，不易生病了。

　　於是，華佗有時間就專心致志地研究鍛鍊身體的方法，參照當時古人鍛鍊身體的「導引術」，不斷思索改進，根據各種動物的動作，創造一套模仿虎、鹿、猿、熊、鳥五種動物的拳法。

　　五禽戲模仿猛虎猛撲呼嘯，模仿小鹿愉快飛奔，模仿猿猴左右跳躍，模仿黑熊慢步行走，以及模仿鳥兒展翅飛翔等動作。

　　透過這一系列的運作，能清利頭目，增強心肺功能，強壯腰腎，滑利關節，促進身體素質的增強，簡便易學，故不論男女老幼均可選練，待體質逐漸增強後再練全套動作。

　　五禽戲不僅具強身延年之功，還有袪疾除病之效。正如華佗所說：「體有不快，起作禽之戲，怡而汗出……身體輕便而欲食。」

　　所謂飲食養生，中醫認為，合理飲食可以調養精氣，糾正臟腑陰陽之偏，防治疾病，延年益壽。

中醫強調飲食要以「五穀為養，五果為助，無蓄為益，五菜為充」，還要重視五味調和，否則，會因營養失衡、體質偏頗、五臟六腑功能失調而致病。

孔子是春秋時期的人，享年七十二歲，在兩千多年前能活到七十多歲是很少有的高壽了。孔子的長壽，與他講究飲食之道是分不開的。

《論語》中記載：「食不厭精，膾不厭細，食饐而餲，魚餒而肉敗不食，色惡不食，臭惡不食，失飪不食，不時不食。」

這些話的意思是說，食物放久變味了不吃，魚肉之類菜餚腐敗了不吃，菜餚的色彩不中看不吃，味道不鮮美不吃，不講究烹飪不吃，不到用餐的時間不吃。

告誡人們講究養生之道，注意飲食衛生，不要濫吃濫喝的意思。

孔子的飲食觀對中華民族的「飲食文化」影響很深，是中國食療得以發展的基礎，而且對民族興旺，社會經濟的發展也是一大貢獻。

唐代著名學者、醫學家、飲食家孟詵撰寫的《食療本草》，專門彙集、介紹了具有滋補身體和治病療效的各種食品，供人們使用，從而使人們從飲食中得到治療疾病的效益。

《食療本草》撰寫於一千多年前，是世界上現存最早的食療本草專著。其內容散見於後世的綜合性本草書中。一八〇七年在甘肅敦煌石窟中發現該書的手抄本。

在飲食養生方面，南宋詩人陸游的養生方法是喝粥。他有一首詩寫道：

世人個個學長年，不悟長年在目前；

我得宛丘平易法，只將食粥致神仙。

對於修身養生，中醫養生理論認為，凡追求健康長壽者首先應從修身養性做起，如平日應排除各種妄念，多說好話、多行善事，可使自己心胸開闊、情緒安定，從而維持身心健康。

修身養性最重要的是養心。「一生淡泊養心機」，這是一個很高的精神境界。人都有喜、怒、哀、樂、悲、恐、驚，這是人的七種情志，過了頭就是七情過激。

《黃帝內經》強調「恬淡虛無」，說「恬淡虛無，真氣從之，精神內守，病安從來」。簡言之，要做到「淡」字。

靜神養生在傳統中醫養生學中佔有重要地位。古人認為，神是生命活動的主宰，保持神氣清靜，心理平衡，可以保養天真元氣，使五臟安和，有助於預防疾病、增進健康和延年益壽。

對於調氣養生，中醫養生理論認為，人體元氣有化生、推動與固攝血液、溫養全身組織、增強臟腑功能的作用。營養失衡、情志失調等諸多因素，可致元氣虛、逆，進而使機體發生病理變化。

中醫調氣養生法主張透過慎起居、順四時、戒過勞、防過逸、調飲食、和五味、調七情、省言語、習吐納等一系列措施來調養元氣、祛病延年。

總之，養生之道在於動形結合、合理膳食、修身養性、靜神調氣，這樣才能達到「調養」目的。

閱讀連結

南北朝時期著名學者顏之推非常關注養生保健，著有中國古代最早的一部家教名著《顏氏家訓》。書中的「養生篇」專講養生之道，並把槐實推介給人們，說明服食槐實可使人耳聰目明，烏須黑髮，養顏抗衰。

《神農本草經》列槐實為上品，稱：「久服明目、益氣，頭不白，延年。」現代藥理研究表明，槐實能降低血管壁的滲透性，促進血液凝固，能清熱祛火，涼血止血，治肛腸痔病出血效果甚佳，還可降低血壓，與其他降壓藥同用，能增強降壓功用。

科技首創：萬物探索與發明發現

鬼斧神工 建築工程

鬼斧神工 建築工程

　　中國建築，具有悠久的歷史傳統和光輝的成就。生活在不同自然條件下的古代人們，因地制宜，因材致用，運用不同材料和不同技術，創造出了不同藝術風格的古代建築。

　　中國古代傑出的建築很多，如房屋建築、陵園建築、水利建築等，本章列舉橋樑和長城兩項，讓我們一同感受古人在建築藝術上創造的巨大成就。

　　中國是「橋的國度」，古代木橋、石橋和鐵索橋的世界領先水平，早為世人所公認。長城更是世界建築史上的奇蹟之一。

巧奪天工的橋樑建築

■小橋流水

中國是橋的故鄉，自古就有「橋的國度」之稱，發展於隋代，興盛於宋代。遍佈在神州大地的橋、編織成四通八達的交通網絡，連接著祖國的四面八方。

中國古代木橋、石橋、浮橋和鐵索橋都長時間保持世界領先水平，在橋樑發展史上曾佔據重要地位，為世人所公認。其建築藝術在世界橋樑史上的創舉，充分顯示了中國古代的非凡智慧。

中國古代木橋是以天然木材作為主要建造材料的橋樑。由於木材分佈較廣，取材容易，而且採伐加工不需要複雜工具，所以木橋是最早出現的橋樑形式。

考古專家發現的秦始皇時期的古渭河木橋，長約三百公尺，寬達二十公尺，是世界最大木橋。它在古代都城考古、

尤其是世界橋樑建築史和交通史等方面，都具有重要研究價值，為研究渭河交通及其變遷提供了重要資料。

秦代巨型木橋位於陝西省西安市北郊，主要由眾多巨型木頭和部分石塊構築而成。專家確認，這座木橋是用於聯繫跨渭河建設的秦都咸陽的南北兩岸，是秦始皇居住的咸陽宮和位於渭河南岸的興樂宮的重要交通樞紐。

其實，秦代木橋除了在秦始皇時期發揮過重要作用外，還延續至了漢代，成為漢代長安城北跨渭河的重要橋樑。

如今的渭河距離發現木橋的地方，初步測量已有七公左右的距離。渭河的變遷一方面毀壞了秦咸陽宮，一方面也讓三座兩千多年前的木橋保存下來。這是研究人與自然關係的絕佳例證，對於人類文明與生態的演變史等具有重要意義。

中國的石拱橋在世界橋樑史上佔有顯著的地位。著名的古代石橋有：福建省泉州洛陽橋、河北省趙州橋和北京盧溝橋。

福建省泉州洛陽橋原名「萬安橋」，位於福建省泉州東郊的洛陽江上，中國現存最早的跨海梁式大石橋。由宋代泉州太守蔡襄主持建橋工程，從一〇五三年至一〇五九年，前後歷七年之久，耗銀一千四百萬兩，建成了這座跨江接海的大石橋。

橋全系花崗岩石砌築，初建時橋長三百六十丈，寬一點五丈，武士造像分立兩旁。造橋工程規模巨大，工藝技術高超，名震四海。

科技首創：萬物探索與發明發現

鬼斧神工 建築工程

橋之中亭附近歷代碑刻林立，有「萬古安瀾」等宋代摩崖石刻；橋北有昭惠廟、真身庵遺址；橋南有蔡襄祠，著名的蔡襄《萬安橋記》宋碑立於祠內，被譽為書法、記文、雕刻「三絕」。洛陽橋是世界橋樑筏形基礎的開端。

河北省趙州橋又叫「安濟橋」，坐落在河北省趙縣城南五里的洨河上。趙縣古時曾稱作「趙州」，故名。

趙州橋是隋代石匠李春設計建造的，距今已有一千四百多年，是世界現存最古老最雄偉的石拱橋。

趙州橋只用單孔石拱跨越洨河，石拱的跨度為三十七公尺七十公分，連南北橋墩，總共長五十公尺又八十二公分。採取這樣巨型跨度，在當時是一個空前的創舉。

更為高超絕倫的是，在大石拱的兩肩上各砌兩個小石拱，從而改變了過去大拱圈上用沙石料填充的傳統建築形式，創造出世界上第一個「敞肩拱」的新式橋型。這是一個了不起的科學發明，在世界上相當長的時間裡是獨一無二的。

北京盧溝橋位於北京西南郊的永定河上，聯拱石橋。橋始建於一千一百八十九年，成於一千一百九十二年，元明兩代曾經修繕，清代康熙時重修建。

橋全長兩百一十二公尺又二十公分，有十一孔。各孔的淨跨徑和矢高均不相等，邊孔小、中孔逐漸增大。全橋有十個墩，寬度為五百三十公分至七百二十五公分不等。

橋面兩側築有石欄，柱高一百四十公分，各柱頭上刻有石獅，或蹲，或伏，或大撫小，或小抱大，共有四百八十五隻。石柱間嵌石欄板，高八十五公分，橋兩端各有華表、御碑亭、

碑刻等，橋畔兩頭還各築有一座正方形的漢白玉碑亭，每根亭柱上的盤龍紋飾雕刻得極為精細。

盧溝橋以其精美的石刻藝術享譽於世。義大利人馬可·波羅的《馬可·波羅游紀》一書，對這座橋有詳細的記載。

浮橋是用船或浮箱代替橋墩，浮在水面的橋樑。軍隊採用制式器材拼組的軍用浮橋，則稱「舟橋」。浮橋的歷史記載以中國為早。

廣東省潮州廣濟橋俗稱「湘子橋」，位於潮州市東門外，為古代閩粵交通要道。為中國第一座啟閉式浮橋。

潮州廣濟橋為南宋時所建。橋全長五百一十五公尺，分東西兩段十八墩，中間一段寬約一百公尺，因水流湍急，未能架橋，只用小船擺渡，當時稱「濟州橋」。

明代重修，並增建五墩，稱「廣濟橋」。正德年間，又增建一墩，總共二十四墩。橋墩用花崗石塊砌成，中段用十八艘梭船聯成浮橋，能開能合，當大船、木排透過時，可以將浮橋中的浮船解開，讓船隻、木排透過。然後再將浮船歸回原處。

潮州廣濟橋是中國也是世界上最早的一座開關活動式大石橋。廣濟橋上有望樓，為中國橋樑史上所僅見。

廣濟橋與趙州橋、洛陽橋、盧溝橋並稱中國古代四大名橋，是中國橋樑建築中的一份寶貴遺產。

科技首創：萬物探索與發明發現

鬼斧神工 建築工程

中國索橋的發展較早。這種橋一般架在峽谷處，兩岸山崖較陡，深水激流中不易立柱做墩。於是，山區人在生活實踐中用懸索為橋，凌空飛渡的索橋由此誕生。

索橋的種類很多，若以材料區分，主要有藤橋、竹索橋和鐵索橋。據古書記載，中國在北魏時期就出現了鐵索橋。鐵索橋是在竹索橋、藤索橋的基礎上由中國人發明的。

中國古代鐵索橋，最著名的要數位於四川省瀘定縣大渡河上的鐵索橋，稱為瀘定橋。僅從製作架設上看，這座橋即可視為世界歷史上鐵索橋的代表。更因為紅軍「飛奪瀘定橋」的英雄故事發生在這裡，瀘定橋更是聞名於世。

瀘定橋是由清康熙帝御批建造的懸索橋。一七〇五年，康熙皇帝為了中國的統一，解決漢區通往藏區道路上的梗阻，下令修建大渡河上的第一座橋樑，經過一年的修建，大橋於一七〇六年建成。

康熙皇帝取「瀘水」、「平定」之意，御筆親書「瀘定橋」三個大字，從此瀘定鐵索橋便成為連接藏漢交通的紐帶，瀘定縣也因此而得名，這塊御碑屹立在橋西。橋東還有一七〇九年的「御製瀘定橋碑記」。

閱讀連結

瀘定橋西有座噶達廟。相傳修瀘定橋時，十三根鐵鏈無法牽到對岸。有一天來了一位自稱噶達的藏族力士，兩腋各夾一根鐵鏈乘船渡岸安裝，因過於勞累不幸死去。當地人修噶達廟紀念他。

傳說終歸是傳說。實際上，在修建此橋時，能工巧匠們以粗竹索系於兩岸，每根竹索上穿有十多個短竹筒，再把鐵鏈系在竹筒上，然後從對岸拉動原己拴好在竹筒上的繩索，最後巧妙地把竹筒連帶鐵鏈拉到了對岸。在這裡，我們看到的是中國古代智慧的光芒。

建築史奇蹟萬里長城

■萬里長城

　　長城是中國古代在不同時期為抵禦塞北遊牧部落聯盟侵襲而修築的規模浩大的軍事工程的統稱。長城東西綿延上萬華里，因此又稱作萬里長城。

　　長城是中國古代創造的偉大工程，是中國悠久歷史的見證。它雄偉壯觀，工程十分艱巨，是世界建築史上的奇蹟之一。

科技首創：萬物探索與發明發現

鬼斧神工 建築工程

　　春秋戰國時期，北方遊牧民族行動迅速的騎兵，行蹤莫測，各諸侯國的步兵或騎兵，都無法阻止襲擊和擄掠。為了防禦別國入侵，修築烽火台，並用城牆連接起來，形成了最早的長城。

　　最早出現的是楚國的方城，位於現在的河南省南陽地區。至戰國時期，魏西河郡有長城，趙漳水上有長城，中山國西部有長城，燕易水有長城，齊沿泰山山脈有長城。這些長城，在戰爭中曾經起過很大的作用。

　　秦滅六國之後，即開始北築長城。據記載，秦始皇使用了近百萬勞動力修築長城，佔全國總人口的二十分之一。

　　當時沒有任何機械，全部勞動都由人力完成，工作環境又是崇山峻嶺、峭壁深塹，十分艱難，因此不難想像古人為建造長城所付出的艱辛與智慧。

　　根據歷史記載及近些年來的考古發現，秦始皇長城大致為：西起於甘肅省岷縣，循洮河向北至臨洮縣，由臨洮縣經定西縣南境向東北至寧夏固原縣。由固原向東北方向經甘肅省環縣，陝西省靖邊、橫山、榆林、神木，然後折向北至內蒙古自治區境內托克托南，抵黃河南岸。

　　黃河以北的長城則由陰山山脈西段的狼山，向東直插大青山北麓，繼續向東經內蒙古集寧、興和至河北尚義縣境。由尚義向東北經河北省張北、圍場諸縣，再向東經撫順、本溪向東南，終止於朝鮮平壤西北部清川江入海處。

　　秦末漢初，強大的匈奴乘中原戰亂，不斷進入長城以內擄掠，一直深入到代谷、太原、西河、上郡、北地等郡。直

至漢武帝把匈奴趕到漠北以後，修復秦長城和修建外長城，長城的軍事防禦作用也才隨之終結。

長城歷史達兩千多年，今天所指的萬里長城多指明代修建的「內邊」長城和「內三關」長城。

「內邊」長城起自內蒙古與山西交界處的偏關以西，東行經雁門關、平型關入河北，然後向東北，經淶源、房山、昌平諸縣，直達居庸關，然後由北向東，至懷柔四海關，以紫荊關為中心，成南北走向。

「內三關」長城在很多地方和「內邊」長城並行，有些地方兩城相隔僅數十公里。除此以外，還修築了大量的「重城」。雁門關一帶的「重城」就有二十四道之多。

若把各個時代修築的長城加起來，大約有五萬公里以上。其中秦、漢、明三個朝代所修長城的長度都超過了五公里。中國新疆、甘肅、寧夏、陝西、內蒙古、山西、河北、北京、天津、河南、山東、湖北、湖南及東北三省等省、市、自治區都有古長城、烽火台的遺蹟。

長城的防禦工程建築，在兩千多年的修築過程中積累了豐富的經驗。在布局上，因地形而制塞的經驗，成為軍事佈防上的重要依據。

在建築材料和建築結構上，以「就地取材、因材施用」的原則，創造了許多種結構方法。有夯土、塊 修築長城的工具石片石、磚石混合等結構；在沙漠中還利用了紅柳枝條、蘆葦與砂粒層層鋪築的結構，可稱得上是「巧奪天工」的創造。

科技首創：萬物探索與發明發現

鬼斧神工 建築工程

　　長城的城牆、關城和烽火台，集中反映了當時工匠匠心獨運的藝術才華。

　　牆身是城牆的主要部分，平均高度為七百八十公分，有些地段高達十四公尺。凡是山岡陡峭的地方構築得比較低，平坦的地方構築得比較高；緊要的地方比較高，一般的地方比較低。

　　牆身是防禦敵人的主要部分，其總厚度較寬，基礎寬度均有六百五十公尺，牆上地坪寬度平均也有五把八十公尺，保證兩輛輜重馬車並行。

　　牆身由外檐牆和內檐牆構成，內填泥土碎石。外檐牆是指外皮牆向城外的一面。外檐牆的厚度，一般是以「堆口」處的牆體厚度為準，這裡的厚度一般為一磚半寬，根據收分的比例，越往下越厚。磚的砌築方法以扁砌為主。

　　內檐牆是指外皮牆城內的一面，構築時一般沒有明顯的收分，構築成垂直的牆體。

　　牆身在構築時，有明顯的收分，收分一般為牆高百分之一百二十五。牆身的收分，能增加牆體下部的寬度，增強牆身的穩定度，加強它的防禦性能，而且使外牆雄偉壯觀。

　　牆的結構是根據當地的氣候條件而定的。總觀萬里長城的構築方法，其類型主要有版築夯土牆、土坯壘砌牆、青磚砌牆、石砌牆、磚石混合砌築、條石及泥土連接磚。

　　用磚砌、石砌、磚石混合砌的方法砌築城牆，在坡度較小時，砌築的磚塊或條石與地勢平行，而當地勢坡度較大時，則用水平跌落的方法來砌築。

長城的關城是萬里長城防線上最為集中的防禦據點。關城設置的位置至關重要，均是選擇在有利防守的地形之處，以收到以極少的兵力抵禦強大的入侵者的效果。古稱「一夫當關，萬夫莫開」，生動地說明了關城的重要性。

　　長城沿線的關城有大有小，數量很多。就以明長城的關城來說，大大小小有近千處之多，著名的如山海關、黃崖關、居庸關、紫荊關、倒馬關、平型關、雁門關、偏關、嘉峪關以及漢代的陽關、玉門關等。

　　烽火台是萬里長城防禦工程中最為重要的組成部分之一。它的作用是作為傳遞軍情的設施。烽火台這種傳遞訊息的工具很早就有了，長城一開始修築的時候就很好地利用了它而且逐步加以完善，成了古代傳遞軍情的一種最好的方法。

　　烽火台除了傳遞軍情外，還為來往使節保護安全，提供食宿、供應馬匹糧秣等服務。有些地段的長城只設烽火台而不築牆的，可見烽火台在長城防禦體系中的重要性。

　　總之，萬里長城是中國古代一項偉大的防禦工程之一，它凝聚著中國古代人民的堅強毅力和高度智慧，體現了中國古代工程技術的非凡成就，也顯示了中華民族的悠久歷史。

閱讀連結

　　相傳，古時有一對燕子築巢於嘉峪關柔遠門內。一日清早，兩燕飛出關，日暮時，雌燕先飛回來，但雄燕飛回時關門已閉，遂悲鳴觸牆而死，為此雌燕悲痛欲絕，不時發出「啾啾」燕鳴聲，一直悲鳴到死。

死後其靈不散，每到有人以石擊牆，就「啾啾」聲向人傾訴。

古代時，人們把在嘉峪關內能聽到燕鳴聲視為吉祥之聲，將軍出關征戰時，夫人就擊牆祈祝，後來發展到將士出關前，帶著眷屬子女，一造成牆角擊牆祈祝，以至於形成一種風俗。

車水馬龍 交通運輸

中國是疆域廣大、海陸空遼闊的國家，有著發展水陸空交通的優越條件。

幾千年來，生活在神州大地的中華民族，不僅寫下了陸路交通的悠久歷史，開創了水路交通的光輝歷程，而且開闢了載人航天的新天地，用他們的勤奮和才智譜寫出世界交通史上最壯麗的篇章。

中國古代陸路交通工具方面發明的車、馬和轎，水路交通工具方面發明的獨木舟、木板船及後來的弘舸巨艦，載人航空方面發明的奇肱飛車，無不體現了中國古人的聰明才智。

▌陸路交通工具的發明

■陶制牛車模型

　　中國古代陸路交通工具主要是車、馬、轎。《史記》中的「陸行乘車，水行乘船，泥行乘橇，山行乘檋」，是對古代幾種主要交通工具性能的總結。

　　春秋戰國時期，畜力坐騎和人、畜力運輸工具，已在境內廣泛使用。輿轎是一種獨特的代步工具。輿轎經歷朝歷代的發展，先後出現了「肩輿」、「步輦」、「轎子」、「禮輿」等。

　　中國是世界上最早發明和使用車的國家之一，相傳在黃帝時已知造車。夏代還設有「車正」的職官，專司車旅交通、車輛製造。

輪是車上最重要的部件，《考工記》中說「察車自輪始」，因此，輪轉工具的出現和使用是車子問世的先決條件。

　　古人運送物品，最初主要靠背負肩扛或手提臂抱，進而採用繩曳法。後來利用所謂橇載法，進而把圓木墊在木橇之下，借其滾動而移動木橇。

　　這種圓木與木橇的結合，可以說是車的雛形，裝在木橇下的圓木可以視為一對裝在車軸上的最原始的特殊形式的「車輪」。

　　利用車輪滾動而行，減少了車與地面的摩擦，省人力，又可多載重物，還可以長途運輸。而當這個發明輪子被安裝上軸時，人們就開始利用輪子把一個物體從一個地方移到另一個地方。

　　車的問世，標誌著古代交通工具的發展進入了一個新的里程。中國所能見到的最早的車形象和實物均屬商代晚期。繼商車之後，西周、春秋戰國時期的車實物在考古中也多有發現。

　　比如：西漢時期的雙轅車和東漢的獨輪車；兩晉南北朝時期至唐代的牛車；兩宋時期的太平車與平頭車；明清時期的騾車。

　　駕馬車的工具分為鞍具和挽具。鞍是鞍轡的統稱，挽具則是指套在牲畜身上用以拉車的器具。

　　鞍具與挽具在漢代以後多有變化，或增或減，或同為一物而異名，或同為一名而異物。如清代轎車的挽具就極為複

雜，有夾板、鞍子、套包、搭攀、後鞦、套靷、滾肚、嚼子、前靷、韁繩等。

馬是人在陸路上的代行工具之一。中國古代單騎的馬具也和馬車的鞍具、挽具一樣，經歷一個漫長的發展過程。一套完備的馬具，是由絡頭、銜、鑣、韁繩、鞍具、鐙、胸帶和鞦帶幾部分所組成。

馬鐙，是馬具中至關重要的一個部件。馬鐙的產生和使用，標誌著騎乘用馬具的完備。

輿轎也是代步工具。《史記》曾記載，大禹治水「山行乘樏」，樏就是轎。這是古文獻中對輿轎類的最早記載，只是遠古的事，荒渺難稽，人們已無從考證夏代輿轎的形制。

至今，人們所能見到的最早的輿轎實物屬春秋戰國時期。一九七八年從河南省固始侯古堆一座春秋戰國時期的古墓陪葬坑中，發掘出三乘木質輿轎，由底座、邊框、立柱、欄杆、頂蓋、轎桿和抬槓等部分組成。

在中國歷史上出現的輿轎，有魏晉南北朝時期的「肩輿」或「平肩輿」，盛唐之世的「步輦」、「步輿」、「檐子」、「舁床」，宋代的「顯轎」與「暖轎」，清代的「禮輿」、「步輿」、「輕步輿」和「便輿」等。

閱讀連結

用車作戰的方法到唐代已完全過時了。七五六年安祿山攻長安時，文部尚書房琯親率中軍為前鋒，在咸陽縣陳濤斜與安祿山之軍隊進行了一場戰鬥。

房琯是個讀書人，做了宰相，他看到「春秋」上講的都是車戰，便用牛車兩千乘，馬步夾之，仿效古人與敵作戰。敵方順風揚塵鼓噪，牛都驚駭，又點燃柴草，結果戰敗。

遠在長安的杜甫聽到這個消息後，心情沉痛地寫下了這樣的詩句「孟冬十郡良家子，血作陳濤澤山水。野曠天清無戰聲，四方義軍同時死。」

▌水路交通工具的發明

■獨木舟

長期與自然界的抗爭不斷增添了人們的智慧，自然現象的反覆出現也給人以一定的啟迪。古人終於認識到某些物體具有浮性，自然漂浮物成為人們創造舟船工具的最早誘因。

科技首創：萬物探索與發明發現

車水馬龍 交通運輸

　　從獨木舟到木板船是中國古代造船史上的一次重大飛躍。在此基礎上，此後的各種弘舸巨艦、樓船方舟也陸續產生。

　　中國古人對單根竹木浮力的認識是逐步加深的。由於單根竹木浮在水中易滾動而且面積窄小，運載力有限，於是，古人就將數根並扎，以利於平穩漂浮和運載量的增加，這樣可載物又可載人。

　　古人創製的最早的水上交通工具筏子，是一種用樹幹或竹子並排紮在一起的扁平狀物體。筏子，古時也稱為「桴」、「泭」，或「箄」。

　　繼編木為筏之後，《周易·繫辭》中說「刳木為舟」。「刳」是割開、挖空的意思，「舟」是指古代船舶的直系祖先獨木舟。

　　有了舟，人們尚不能在水中隨意行駛，還必須有推動獨木舟行進的工具。《周易·繫辭》中說「剡木為楫」，即是指古人制槳的方法，「剡」的意思是削。削木頭做成槳，以推進舟的行駛。人們才可較隨意地在水面上活動。

　　獨木舟具體出現的時代尚不能斷定。

　　一九七七年在浙江省餘姚河姆渡遺址中，出土一柄用整木「剡」成的木槳，表明至遲在大約七千年前，中國已開始使用獨木舟。同時也說明，中國發明和使用舟船的歷史較之車馬出現的時代要早數千年之久。

中國古代獨木舟的形制，大致有三種：一種頭尾均呈方形，不起翹，接近平底；一種呈頭尖尾方形，舟頭起翹；一種頭尾均呈尖形，兩頭起翹。

獨木舟的優點就在於一個「獨」字，舟身渾然一體，嚴整無縫，不易漏水，不會鬆散，而且製作工藝簡單，所以沿用的歷史很長。直至今日，在中國西南少數民族地區，獨木舟還被用作渡河工具。

筏子與獨木舟的相繼出現，是人類開拓水域交通邁出的第一步。有了它們，人類的活動範圍便從陸地擴大到水上，人類從此可以跨江渡河，大大縮短了地域上的阻隔。

在獨木舟的基礎上，人們開始直接用木板造船，創製出新型的船，這就是木板船。

早期的木板船是由一塊底板和兩塊側板組成的最簡單的「三板船」。全船僅由三塊板構成，底板兩端經火烘烤向上翹起，兩側舷板合入底板，然後用鐵釘連接，板縫用刨出的竹纖維堵塞，最後塗以油漆。

舟船的出現原本是人類為了滿足載貨、運輸和生產的需要，但在奴隸制社會的夏、商、周時期，舟船和馬車一樣，也成為戰爭的工具。

戰艦是從民用船隻發展起來的，但由於戰艦既要裝備進攻武器，又要防禦敵艦攻擊，所以其結構和性能均比民用船隻要優越得多。因此可以說，戰艦是當時造船技術水平的最高體現。

科技首創：萬物探索與發明發現

車水馬龍 交通運輸

秦漢時期的船隻類型多，規模大，而且行船的動力系統、系泊設施基本完備。

從文獻記載看，當時水軍的戰艦種類繁多，有「餘艎」、「三翼」、「突冒」、「戈船」等。

「餘艎」又稱「餘皇」，船頭裝飾鷁首，專供國君乘坐，因此又稱「王舟」。戰時則作為指揮旗艦。「三翼」指大翼、中翼、小翼，即三種同類型輕捷戰艦的合稱。「突冒」是一種衝突敵陣的小型戰船。「戈船」是一種船上安有戈矛的戰船。

魏晉南北朝時期至隋唐五代，中國船舶製造有兩個方面值得提出來，一是沙船的出現；二是設置水密艙。

沙船是中國古代四大航海船型之一。它是在古代平底船基礎上發展起來的一種船型。據專家考證，沙船始造於唐代的崇明島，首尾俱方，又增強了抗縱搖的阻力。成為唐宋元明清各代內河、近海、遠洋船舶中的主要船型之一。

將船艙用隔艙板隔成數間，並予以密封，這種被隔開的艙稱為「水密艙」。

水密艙的出現也是中國對世界造船技術的一大貢獻。世界其他國家直至十八世紀末，才吸收了中國這一先進技術，開始在船上設置水密艙。

宋元時期的造船較之前代又有改進，更為完善。海船在中部兩舷側懸置竹梱，稱「竹囊」。其作用是消浪和減緩船隻左右搖擺，以增強航行的穩定性。同時它也是吃水限度的標誌。

大船都有大小兩個主舵，舵可升降，根據水的深淺交替使用。這種平衡舵的舵面呈扁闊狀，以增大舵面面積，提高舵控制航向的能力。而且又因一部分舵面積分佈在舵柱的前方，可以縮短舵壓力中心對舵軸的距離，減少轉舵力矩，操縱更加靈便。

宋元時已開始使用儀器導航。此外，這一時期還出現了導航標誌，以指示船舶安全進港。

明代是中國造船史上的第三次高峰，最能反映明代造船技術水平和能力的，當屬鄭和所乘坐的寶船。大型寶船長約一百五十公尺，寬約六十公尺。

據推測，鄭和每次出洋的船舶數量當在一百艘以上，其中大型寶船在四十多艘至六十艘之間，另外還有馬船、糧船、坐船、戰船等大小輔助船隻。

明代造船不僅數量多、規模大，而且船舶的種類也很多。有運輸船、海船、戰船等。如此種類眾多的船舶，其船型除沙船和福船船型以外，還有廣船與鳥船船型。

閱讀連結

在古代，各種交通工具的利用以及規模、形制等方面仍有一系列制度上的規定。比如明代規定，在京三品以上者可以乘轎，四品以下不得乘轎。不過在實際生活中，違禮逾制常常存在。

在明代長篇世情小說《金瓶梅》中，西門慶外出一般騎馬，他家以及其他一些有勢力之家的婦女無論有無職銜，基

本一律乘轎。若出遠門，則或騎馬，或乘轎，比如西門慶曾赴東京陛見，「一路天寒坐轎，天暖乘馬」。

▌空中載人工具的發明

自古以來，行走於地上的人類一直嚮往著能像鳥兒一樣在天空翱翔，所以才有了「嫦娥奔月」的神話傳說，同時人類也不懈地進行著飛天的探索與嘗試。中國古代載人飛行器也同樣走在世界前列。

據傳說，遠在三千五百年前的商湯時期，古人就已經發明製造了借助風力飛行的載人飛行器「奇肱飛車」。

據《山海經·海外西經》中的記載的奇肱國，國中男子善機巧，曾經製作的一種能借助風力能載人在天空遠距離飛行的裝置。

傳說大禹就曾乘坐過這種飛車。大禹等人從男子國往南，就到了奇肱國。從今天的重慶乘「奇肱飛車」穿過湖北省西北部直達河南省中部，其間有一千公里航程，飛車四天就能到達。

「奇肱飛車」可以說是最早的飛機，但因為是無動力的，乘坐它只能從風而行。

類似的文字也見於晉文學家張華《博物誌·外國》記載：「奇肱民善為拭扛，以殺百禽。能為飛車，從風遠行。」

《山海經·海外西經》和張華的資料來源出自何典，奇肱飛車的構造如何，其借助風力飛行的裝置是風帆還是螺旋槳，現在已經無從考證不得而知了。

但是它的出現不僅遠在黃帝的指南車之後，而且還有「善為拭扛」的當時機械製作技術作為背景，所以它的出現應該是沒有違背科學發展邏輯的。

如果說《山海經》、《博物誌》上所載商湯時期的「奇肱飛車」語焉不詳，不足採信，那麼晉代葛洪《抱朴子》所載飛車就不得不令人信服了。

隨著機械技術的進一步發展，魏晉時期人們利用空氣的反作用力原理製成「登峻涉險遠行不極之道」的飛行器具，使之發展成為一種較為便利具有實用價值的飛行交通工具了。

葛洪在《抱朴子》中記載：

或用棗心木為飛車，以牛革結環劍，以引其機。或存念做五蛇六龍三牛，交罡而乘之，上升四十里，名為太清。太清之中，其氣甚罡，能勝人也。師言鳶飛轉高，則但直舒兩翅，了不復扇搖之而自進者，漸乘罡氣故也。

這段話不僅言之鑿鑿地記載了飛車的結構分為用棗心木製成的飛行裝置，和用牛革製成的動力裝置環劍兩個部分，而且還記載了「太清之中，其氣甚罡」的空氣動力學知識。所謂罡風或罡氣就是高空中強烈的風或氣流。古代兒童的竹蜻蜓玩具，可以作為古人能夠製作螺旋槳飛行裝置的旁證。

科技首創：萬物探索與發明發現

車水馬龍 交通運輸

按照《抱朴子》所載飛車結構，用古代已有的機械技術完全可以復製出一部載人飛行器。元明清時期以來，民間能工巧匠製造飛行器的就更多了。

古時的火箭是將火藥裝在紙筒裡，然後點燃發射出去，起初只是用於過年過節放煙火時使用，是我們祖先首先發明的。第一個想到利用火箭飛天的人，是明代的士大夫萬戶。

萬戶把四十七個自制的火箭綁在椅子上，自己坐在椅子上，雙手舉著兩只大風箏，然後叫人點火發射。設想利用火箭的推力，加上風箏的力量飛起。

在發射當天，萬戶穿戴整齊，坐上座椅。隨從他的四十七位僕人同時點燃了煙花。隨著一陣劇烈的爆炸，當硝煙散盡後，萬戶和他的「飛行器」已經灰飛煙滅。

目前，只有火箭才能把人送上太空。以此為標準，最早嘗試飛天的應是明代的萬戶飛天。萬戶考慮到加上風箏的上升的力量飛向前方，這是很少有人想到。西方學者考證，萬戶是「世界上第一個想利用火箭飛行的人」。

據清代著名學者毛祥麟撰《墨餘錄》記載，元順帝年間，平江漆工王某，富有巧思，能造奇器，曾製造一架「飛車」，兩旁有翼，內設機輪，轉動則升降自如。

上面裝置一袋，隨風所向，啟口吸之，使風力自後而前，鼓翼如掛帆，度山越嶺，輕若飛燕，一時可行兩百公里，越高飛速越快。實令觀者為之驚嘆「真奇制」。

這種帶有風袋的飛機，利用自後而前的風力實現飛行，應該也是如同「奇肱飛車」一樣只能從風遠行，可能還不能實現自由駕駛。

據明末清初布衣詩人徐燾《香山小志》記載：清代初期吳縣能工巧匠徐正明，從少年時就「性敏，志專一」，他設計、製造的車輛，靈巧牢固，在鄉里頗有聲譽。

吳縣是江南魚米之鄉，地處太湖之濱，河湖港汊，縱橫交錯，交通不便。

有一天，徐正明偶讀古代典籍《山海經》，得知商湯時期有「奇肱飛車」，受到啟迪，立志製造一架「飛車」飛越湖渠港汊，方便交通。

徐正明潛心鑽研「飛車」，經過一年苦思冥想，完成了「飛車」的設計草圖。接著，他便「按圖操斫，有不合者削之，雖百易不悔」。

由於徐正明「家故貧」，他只好邊打短工，邊造「飛車」。經過十年鍥而不捨地苦心鑽研，他終於製造出一架「栲栳椅式」的「飛車」。

這架「飛車」構思精絕，「下有機關，齒牙錯合，人坐椅中，以兩足擊板上下之，機轉風旋，疾馳而去」，「離地尺餘，飛渡港汊」，令鄉人為之嘆絕。

徐正明製造的「飛車」試飛成功後，決心進一步改進，提高飛行高度。但是徐家貧困日甚，「妻、子啼號」，孤身無援。在貧病交加、生活重壓下，他「不幸早歿」。

更為遺憾的是，徐妻因丈夫將畢業心血花在「飛車」的研製上，不禁傷心落淚，竟將它「斧斫火燎」化為灰燼了。

徐正明的這架「栲栲椅式」的「飛車」，被《香山小志》詳細地記載下來，從中可以瞭解到這架飛車是依靠人力驅動連桿、齒輪、進而帶動「機轉」，產生「風旋」。這很有可能是一架人力旋翼機。

再據《湘潭縣圖志十二篇》、《湘潭縣誌》等記載：清嘉慶、道光年間，有個年輕人叫石甘四，「有技勇舉三百斤，能巧思造奇器，嘗讀《蜀志》，見木牛流馬法，曰：『此易耳』。遂為木人，執器左右；供使令。繼後，又以鵝毛作床如鳥翅，坐則騰上二十丈，橫行五里許。其時，西夷輕氣學未傳，甘四以重力升之」，實在可與《天方夜譚》中神奇魔毯相媲美。

石甘四的「飛床」使用鵝毛製成機翼，重量輕，能有效搧動空氣，也有其合理性。

閱讀連結

文獻記載，在一個月明如盤的夜晚，萬戶帶著人來到一座高山上。他們將一隻形同巨鳥的「飛鳥」放在山頭上，「鳥頭」正對著明月。

萬戶拿起風箏坐在鳥背上的駕駛座位椅子上。他自己先點燃鳥尾引線，一瞬間，火箭尾部噴火，「飛鳥」離開山頭向前衝去，接著萬戶的兩隻腳下也噴出火焰，「飛鳥」隨即衝向半空。

後來，人們在遠處的山腳下發現了萬戶的屍體和「飛鳥」的殘骸。這個故事後來被記載為「萬戶飛天」。

科技首創：萬物探索與發明發現

披堅執銳 軍事武器

披堅執銳 軍事武器

中國古代兵器在中國悠久的歷史長河中，積累成一部璀璨耀目的史冊。每一頁都凝聚著中國古代勤勞、智慧的結晶，每一篇都敘說著石斧銅戟、金戈鐵馬的赫赫戰績。

弓箭和弩是中國古代冷兵器中的重要發明，前者既是生產工具又是武器，後者則是盛極一時的新式武器。中國是世界上最早發明火藥的國家，距今已有兩千多年的歷史。火藥被發明後，很快用來製造熱兵器，包括火銃、地雷等，這些武器，在戰爭中發揮了重要作用。

▌古代冷兵器發明創造

■弓箭文物

冷兵器一般指不利用火藥、炸藥等熱能打擊系統、熱動力機械系統和現代技術殺傷手段，在戰鬥中直接殺傷敵人、保護自己的武器裝備。

中國古代冷兵器中的弓箭和弩，是兩項重要發明，前者具有生產工具和武器的雙重作用，後者則是盛極一時的新武器。

弓箭，是中國古人常用的一種工具和兵器，但發明者是誰、是什麼時候製造出來的，古書上的說法不一，包含伏羲、黃帝和后羿都曾經被記載是創造者。

然而，根據考古學家的考證，這些說法都不精準。因為從挖掘出的文物來看，科學家認為弓箭問世的時間比這些傳

說中的人物還要早得多，在中國可以追溯至兩、三萬年前的舊石器時期。

從各種古籍和出土的文物上可以看出，人類發明的最早的弓箭樣子很簡陋，是用一根樹枝或者一根竹子，把它彎起來就是弓箭的弓體，用植物的藤或者動物的筋做弦。

這種最原始的半月形弓箭，由於弓體已經彎曲到很大的程度，所以發射出來的力量很小。

後來，人們不斷總結經驗，把弓體改為「弓」形，使弓箭的中間部分凹進去，不上弦時弓體不會有很大的變化，這樣就可以儲備更多更大的勢能，增大弓箭的殺傷力。

科學家們從金文、甲骨文的「弓」字來源於返曲弓的形狀推測，可見它的發明和使用比它的文字出現還要早。

特別值得一提的是，考古學家們在山西省的舊石器時代後期的遺址裡發現了那時打製的石箭頭，可以想像中國製造弓箭的歷史有多麼久遠！

至東周時期，中國的弓箭製造有了很大的提高。很長的時間之內，弓箭都是兵家、獵戶手中的重要武器。

弓箭在使用時需要一手持弓箭，一手拉弦，因此影響了射箭的準確度。

為了克服這些不足，中國古代人借鑑用於殺死獵物的原始弓形夾子，產生了製造弩的最初想法，即在弓臂上安上定向裝置和機械發射體系，命中率和發射力大大提高。就這樣，比弓的性能更加優越的弩誕生了。

披堅執銳 軍事武器

由此看來，弩就是裝有臂的弓。它作為中國古代的一種常規武器，顯然是由弓演化發展而來。

弓箭的使用在中國至少已有兩三萬年的歷史，弩作為中國軍隊的常規武器則有兩千多年的歷史。從保存下來的有關弩的詳細描述看，最早的弩是一種青銅手槍式，其頂部的設計屬於周朝早期。

據《事物紀原》記載，弩是戰國時期楚國馮蒙的弟子琴公子發明的，「即弩之始，出於楚琴氏之也。」

在長沙楚墓出土的文物中，就有製造得相當精巧的弩機。它外面有一個匣，匣內前方有掛弦的鉤，鉤的後面有照門，照門上刻有定距離的分劃，其作用類似現代步槍上的標尺。

匣的下面有扳機與鉤相連，使用時，將弓弦向後拉起掛在鉤上，瞄準目標後扣動扳機，箭即射出，命中目標。弩的發明是射擊兵器的一大進步。

中國古籍中關於弩的記載很豐富。《呂氏春秋》記述了青銅觸發裝置的精確性，它是中國人在發展弩方面取得的成就中，給人印象最深刻的。

青銅觸發盒嵌入托中，在它的上面有一個槽，放弓箭或弩箭。弩的觸發裝置是一個複雜的設備，它的殼，包括在兩個長柄上的三個滑動塊，每件都是用青銅精鑄而成的，機械加工達到令人難以想像的精確度。

戰國時弩機的種類就比較多了。如夾弩、庾弩是輕型弩，發射速度快，通常用於攻守城壘；唐弩、大弩是強弩，射程遠，通常用於野戰。

據《戰國策》記載，韓國強弓勁弩很出名，有多種弩皆能射六百步遠。《荀子》也載有魏國武卒「有十二石之弩」等事例。

弩的發明、製作和使用，在戰爭中發揮了巨大作用。西元前三四一年，齊、魏兩軍在馬陵展開大戰，即著名的「馬陵之戰」。孫臏指揮齊軍埋伏在馬陵道兩側，僅弩手就有近萬名。當龐涓率魏軍經過此地時，萬弩齊發，魏軍慘敗，龐涓自殺身亡。

弩的數量也很可觀。西元前二〇九年，秦二世有五萬名弩射手，而在西元前一七七年，漢文帝手下的弩射手數目與秦相差不多，但這並非意味著在當時只有幾萬副弩。

據《史記》記載，約在西元前一五七年，漢太子劉啟掌管有幾十萬副弩的軍火庫。這就是說，兩千多年前，中國人已經有大批生產複雜機械裝置的能力。

有學者認為，中國弩的觸發裝置「幾乎和現代步槍的槍栓裝置一樣複雜」。

漢代弩的製造有了進一步發展，並逐步標準化、多樣化，不但有用臂拉開的擘張弩，還有用腳踏開的蹶張弩，但通常用的是六石弩。

漢代格柵瞄準器的發明並很快用於弩上，進一步提高了弩的命中率，其裝置和現代的照相機和高射炮中相關的機械裝置類似，是世界最早出現的瞄準器。

三國時期，諸葛亮還設計了一種新式連弩，稱為「元戎」，「以鐵為矢」，每次可同時發射十支弩箭。

弩是分工製作的，已發現的大多數弩的觸發裝置上都有製作者刻的名字和製造日期。

弩會有致命效用的原因之一是廣泛採用毒箭，而且瞄準好的弩箭能夠穿透兩層金屬頭盔，沒人能抵擋得住。

在以後的各朝代中，弩作為一種重要的兵器仍備受青睞，並得以進一步的改進和提高。

北宋時期，有人曾敬獻給皇帝的一種弩，可以刺穿一百四十步以外的榆木；還有一種石弩，它是用連在一起的兩張弓組成，需幾個人同時拉弦，可一齊射出幾支弩箭，一次即可殺死十個人。

宋代的手握弩可射五百公尺遠，在馬背上時可達三百三十公尺遠。

連發弩克服了裝箭的困難，可以快速連射。弩箭盒安裝在弩托裡的箭槽上方，當一支弩箭發射後，另一支馬上掉到它的位置，這樣就能快速重複發射。一百個持連發弩的人，在十五秒內可射出兩千支箭。

連發弩的射程比較短，最大射程兩百步，有效射程八十步。

連發弩在明神宗時已廣為流傳，有不少樣品至今仍保存在博物館中。

自明代以後，隨著火藥大規模應用在戰場上，熱兵器逐漸取代弩的地位。

在三國鼎立的期間，蜀漢的軍事科技是三國之冠。由於蜀漢一直處於劣勢，形勢逼迫其須造出精良、先進的武器以抵禦、戰勝較為強大的敵人；很多種武器跟工具都是基於這些原因而發明出來，如諸葛亮發明的「元戎弩」就是一例。

除此之外，蜀漢還有一種「側竹弓弩」。

當時的東吳人很喜歡蜀漢的側竹弓弩，但不會製作，所以在知道被俘虜的蜀漢將領中有人會做，就立刻命令他們製作。可見側竹弓弩也是蜀漢擁有的先進武器之一。

█古代熱兵器發明創造

火藥是中國古代的偉大發明之一。火藥用於軍事行動，從此揭開古代兵器發展史上熱兵器的新篇章。

火藥發明以後，最遲到十世紀時，中國已經開始用火藥製造熱兵器，包括炸彈、火焰噴射器、葫蘆飛雷、火銃、地雷等。這些武器在當時的戰爭中發揮巨大的作用。

科技首創：萬物探索與發明發現

披堅執銳 軍事武器

■古代的火罐炸彈

民族英雄戚繼光，當年就是利用明朝先進的造船技術和火藥兵器，水陸並進、南征北戰數十年，解除外敵對中國沿海的騷擾。

唐末宋初開始出現火藥火箭和火藥火炮。

宋真宗時的神衛水軍隊長唐福和冀州團練使石普，曾先後分別在皇宮裡做了火箭、火球等新式火藥武器，受到宋真宗的嘉獎。從此，火藥成為宋軍必備裝備。

北宋朝廷甚至在首都汴京建立了火藥作坊，那是專門製造火藥和火器的官營手工業作坊。

金世宗大定年間，陽曲北面的鄭村有個以捉狐狸為業的人，名字叫鐵李，他製造了一種陶質、下粗上細的「火罐炸彈」，把火藥裝入罐內，在上面的細口處安裝上引信。這種「火罐炸彈」並不如現在的炸彈的殺傷作用，僅是製造轟鳴聲。

獵人在捕野獸時點燃引信，「火罐炸彈」爆炸發出巨大聲響，把野獸嚇得四處亂竄，有的就會跑入獵人預設的網中。這種「火罐炸彈」就是現代金屬炸彈的雛形。

震天雷是北宋後期發展的火藥武器，身粗口小內盛火藥，外殼以生鐵包裹，上面裝上引信，使用時根據目標遠近決定引線的長短，引爆後能將生鐵外殼炸成碎片並打穿鐵甲。這是世界上最早的金屬炸彈。

震天雷用生鐵鑄造，一共有包含罐子式、葫蘆式、圓體式和合碗式這四種樣式。

其中罐子式的震天雷口小身粗，厚約七公分，內裝火藥，上安引信，用時或由拋石機發射，或由上向下投擲，殺傷人馬。

一二二一年，金兵圍攻蘄州時就大量使用了震天雷。一二一三年河中府之戰，以及一二三二年南京戰役中，金兵在進攻過程中都使用震天雷。

現代的戰爭中，火焰噴射器在戰場上大顯身手，有著震撼人心的力量。

中國是最早使用石油的國家；早在漢代，人們便發現了石油的可燃性。最開始的時候，人們只理解到石油「燃燈極明」，故而只是用其點燈，要到之後瞭解石油的其他特性，並將其作潤滑劑、黏合劑、防腐劑等使用，甚至將它入藥。

石油主要的用途，最初是作為品質優良的燃料。由於它性能優良，人們才考慮將它用於戰爭，而火焰噴射器所使用的優質燃料，正是石油及石油產品。

科技首創：萬物探索與發明發現

披堅執銳 軍事武器

據史書記載，石油產品在中國第一次用於火焰噴射器，是在九〇四年。北宋史學家路振的《九國志》中描述了在一次交戰中，一方放出「飛火機」，最後燒毀了對方的城門。

一〇四四年，火焰噴射器在宋代的軍隊中已形成標準化。宋代軍事家曾公亮在所著的一部軍事百科全書《武經總要》中提到，如果敵人來攻城，這些武器就放在防禦土牆上，或放在簡易外圍工事裡，這樣，大批的攻城者就攻不進來。

書中有關於火焰噴射器的設計細節的插圖。這具火焰噴射器的主體油箱由黃銅製成，有四條支撐腿，它以汽油為燃料。

在它的上面有四支豎管和水平的圓柱體相連，而且它們都連在主體上。圓柱體的頭部和尾部較大，中間的直徑較小，在尾端有一個其大小如小米粒的孔。在頭部有個直徑約五公分的孔，在機體側面有一個配有蓋子的小注油管。

此書對火焰的燃燒進行了描述：油從燃燒室中流出，油一噴出，即成火焰。

中國古代的彝族人民在長期生產勞動的實踐中，發明了世界上第一枚手榴彈，這就是「葫蘆飛雷」。

由於彝族人民生活在雲南省的哀牢山地區，而且這裡出產天然的火硝、硫磺、木炭，又種植葫蘆，為彝族人民創造葫蘆飛雷提供良好的條件。當時彝族人發明葫蘆飛雷並不是用於打仗，而是拿來狩獵用的。

這種「手榴彈」的導火線是只有當地才生長的一種引火草製作的。

那時的「手榴彈」分兩種，一種是短頸葫蘆飛雷，只是這種「手榴彈」不是用手丟，而要借助一個網子。使用者必須先把葫蘆飛雷的導火線點燃，然後放到網子裡並往目標投去，葫蘆飛雷到達目標上空後會立即爆炸，放在葫蘆裡面的鐵塊、鉛丸、石頭等東西就會炸破葫蘆濺出來殺傷敵人，威力非常強大。

另一種則是名副其實手榴彈，叫「長頸葫蘆飛雷」；因為製造這種手榴彈的葫蘆柄比較長，便於用手拿，也才能直接用手丟。使用這種手榴彈作戰，能夠摧毀一百公尺之外的一般建築物。

時至如今，手榴彈已經成為世界軍器中的重要一員。

南宋後期，由於火藥的性能已經有很大的提高，人們可以在大竹筒內以火藥為能源發射彈丸，並且掌握了銅鐵管鑄造技術，從而使元代具備製造金屬管形射擊火器的技術基礎，中國火藥兵器便在此時達到新的發展，出現具有現代槍械意義雛形的新式兵器火銃。

火銃的製作和應用原理，是將火藥裝填在管形金屬器具內，利用火藥點燃後產生的氣體爆炸力推出彈丸。它具有比以往任何兵器大得多的殺傷力，正是後代槍械的最初形態。

中國的火銃創製於元代。元代在統一全國的戰爭中，先後獲得金代和南宋時期有關火藥兵器的工藝技術，立國後即集中各地工匠到元大都研製新兵器，特別改進了管形火器的結構和性能，使之成為射程更遠、殺傷力更大、更便於攜帶使用的新式火器，即火銃。

披堅執銳 軍事武器

目前存世並已知紀年最早的元代火銃，是收藏於中國歷史博物館的一三三二年產的銅銃。

這個珍藏的銃體粗短，重六千九百四十克；前為銃管，中為藥室，後為銃尾。銃管呈直筒狀，長三十五公分，近銃口處外張成大侈口喇叭形，銃口徑十點五公分。藥室比較銃膛還要粗，室壁向外弧凸。

銃尾較短，有向後的銎孔，孔徑七點七公分，小於銃口徑。銃尾部兩側各有一個約兩公分的方孔。方孔中心位置正好和銃身軸線在同一平面上，可以推知原來用金屬的栓從兩孔中穿連，然後固定在木架上。

這個金屬栓還能夠起耳軸的作用，使銅銃在木架上可調節高低俯仰，以調整射擊角度。

與上面銅銃不同的另一類銅銃，口徑較上一種小很多，一般口內徑不超過三公分，銃管細長，銃尾亦向後有銎孔，可以安裝木柄。最典型的例子，是一九七四年於西安東關景龍池巷南口外發現的，與元代的建築構件伴同出土，應視為元代遺物。

銅銃全長二十六公分，重一千七百八十克。銃管細長，圓管直壁，管內口徑二點三公分。藥室橢圓球狀，藥室壁有安裝藥捻的圓形小透孔。

銃尾有向後開的銎孔，但不與藥室相通，外口稍大於裡端。這種銃的口部、尾部及藥室前後都有為加固而鑄的圓箍，共計六道。

此銃在挖掘出土時藥室內還殘存有黑褐色粉末，經取樣化驗，測定其中主要成分有木炭、硫磺和硝石，應為古代黑火藥的遺留，是研究中國古代火藥的實物資料。

　　火銃這種新式兵器自元代問世之後，由於青銅鑄造的管壁能耐較大膛壓，可裝填較多的火藥和較重的彈丸而具有相當的威力，又因它使用壽命長，能反覆裝填發射，故在發明不久便成為軍隊的重要武器裝備。

　　至元代末年，火銃已被政府軍甚至農民起義軍所使用。

　　元末明初，明太祖朱元璋也多用火銃作戰，陸戰攻堅或水戰之中都可見其威力。

　　透過實戰應用，當時的人對火銃的結構和性能有了新的認識和改進空間，至開國之初的洪武年間，銅火銃的製造達到鼎盛，結構更趨合理，形成規範性的形制，數量也大大增加。

　　洪武初年，火銃由各衛所製造，至明成祖朱棣稱帝後，為加強中央集權和對武備的控制，將火銃重新改由朝廷統一監製。從洪武初年開始，終至明一代，軍隊普遍裝備和使用各式火銃。

　　至明永樂時，更創立專習槍炮的神機營，成為中國最早專用火器的新兵種。

　　地雷是現代戰爭中最常用的一種武器，而據史料記載，一一三〇年，宋軍曾經使用「火藥炮」對攻打陝州的金軍以重大創傷，不過更準確的歷史記載和「地雷」一詞的出現是在明代。

披堅執銳 軍事武器

《兵略纂聞》記載：

曾銑做地雷，穴地丈餘，櫃藥於中，以石滿覆，更覆以沙，令於地平，伏火於下，系發機於地面，過者蹴機，則火墜落發石飛墜殺，敵驚為神。

明代宋應星著的《天工開物》一書中，也介紹了地雷，並且繪製了地雷的構造圖樣、製作方法和地雷爆炸時的形狀。

從以上幾個方面的記載來看，地雷出現在戰場上，最早可以追溯至宋元時期，最遲不晚於明代中期。至明末時期，就已經有了「地雷炸營」、「炸炮」、「無敵地雷炮」等多種地雷武器，使用方法上也發明了踏式和拉火式兩種。

由此可見，當時地雷已經在全軍中普遍使用。

閱讀連結

火藥是中國的四大發明之一，顧名思義就是「著火的藥」。它的起源與煉丹術有著密切的關係，是古代煉丹師在煉丹時無意配置出來的。

火藥在古代戰爭中有多種用法：最早是用投石車把點燃的火藥包拋射出去，後來用弓箭把燃燒的火藥包射出去。至宋代，火藥的使用越來越高級，就先後發明了火箭、火炮、霹靂炮、震天雷等殺傷力強的武器，元代時又出現了銅鑄火銃。

火藥威力無比，也很有藥用價值。

▌攻守城器械的發明創造

■仿古製作的投石機

　　城池自從出現，就一直是國家政治、經濟、文化的中心，人口密集，地位顯要，是歷代戰爭的必爭之地。在中國古代，不論大小城市幾乎都建有堅實的城牆，城外還挖有寬而深的城壕，作為古代戰爭最主要的組成部分。

　　隨著武器的進步、城防設施的完善，古人發明出許多攻守城器械，而攻城和守城器械的應用，無不是顯示出智謀和武力的硬戰。

　　在中國古代，城池是封閉式的堡壘，不僅有牢固厚實高大的城牆和嚴密的城門，而且城牆每隔一定距離還修築墩、台樓等設施，城牆外又設城壕、護城河及各種障礙器材，層層設防，森嚴壁壘。

　　圍繞著攻城與守城，各種攻守器械在實戰中被廣泛應用。在中國古代，攻城器械包括攀登工具、挖掘工具與破壞城牆

科技首創：萬物探索與發明發現

披堅執銳 軍事武器

和城門的工具。漢代以來主要發明創造的攻城器械有：飛橋、雲梯、巢車、轒轀車、臨沖呂公車等。

飛橋是保障攻城部隊透過城外護城河的一種器材，又叫「壕橋」。這種飛橋製作簡單，就是在兩根長圓木上釘上木板，為搬運方便，下面再裝兩個木輪；如果壕溝較寬，還可將兩個飛橋用轉軸連接起來，做成折疊式飛橋。搬運時將一節折放在後面的橋床上，使用時將前節放下，搭在河溝對岸，就是一座簡易的壕橋。

雲梯是一種攀登城牆的工具，一般由車輪、梯身、鉤三部分組成。梯身可以上下仰俯，靠人力扛抬倚架到城牆壁上；梯頂端有鉤，用來鉤援城緣；梯身下裝有車輪，可以移動。

相傳雲梯是春秋時期的巧匠魯班發明的，但其實早在夏商周時就有了，只是當時取名叫「鉤援」。春秋時的魯班只是加以改進罷了。

傳說在戰國初年的時候，楚國的國君楚惠王想重新恢復楚國的霸權，因此擴大軍隊，要去攻打宋國。楚惠王重用當時最有本領的工匠，他是魯國人，名叫公輸般，也就是後來人們稱的魯班。

輸般被楚惠王請了去，當了楚國的大夫。他替楚王設計了一種攻城的工具，比樓車還要高，看起來簡直是高得可以碰到雲端似的，所以叫做雲梯。

楚惠王一面叫公輸般趕緊製造雲梯，一面準備向宋國進攻。楚國製造雲梯的消息一傳揚出去，列國諸侯都有點擔心。特別是宋國，聽到楚國要來進攻，更加覺得大禍臨頭。

楚國想進攻宋國的事，也引起了一些人的反對。反對最屬害的是墨子。墨子，名翟，是墨家學派的創始人，他反對鋪張浪費，主張節約。他要他的門徒穿短衣草鞋，參加勞動，以吃苦為高尚的事。如果不刻苦，就是算違背他的主張。

墨子還反對那種為了爭城奪地而使百姓遭到災難的混戰。當他聽到楚國要利用雲梯去侵略宋國時，就急急忙忙地親自跑到楚國去，跑得腳底起了泡，出了血，他就把自己的衣服撕下一塊裹著腳走。

墨子就這樣奔走了十天十夜，他到了楚國的都城郢都。他先去見公輸般，勸他不要幫助楚惠王攻打宋國。

公輸般說：「不行呀，我已經答應楚王了。」

墨子就要求公輸般帶他去見楚惠王，公輸般答應了。在楚惠王面前，墨子很誠懇地說：「楚國土地很大，方圓五千里，地大物博；宋國土地不過五百里，土地並不好，物產也不豐富。大王為什麼有了華貴的車馬，還要去偷人家的破車呢？為什麼要扔了自己繡花綢袍，去偷人家一件舊短褂子呢？」

楚惠王雖然覺得墨子說得有道理，但是不肯放棄攻找宋國的打算。公輸般也認為用雲梯攻城很有把握。墨子便直截了當地說：「你能攻，我能守，你也佔不了便宜。」

墨子就解下身上繫著的皮帶，在地上圍著當作城牆，再拿幾塊小木板當作攻城的工具，叫公輸般來演習一下，比一比本領。

科技首創：萬物探索與發明發現

披堅執銳 軍事武器

　　公輸般採用一種方法攻城，墨子就用一種方法守城。一個用雲梯攻城，一個就用火箭燒雲梯；一個用撞車撞城門，一個就用滾木擂石砸撞車；一個用道地，一個用煙燻。

　　公輸般用了九套攻法，把攻城的方法都使完了，可是墨子還有好些守城的高招沒有使出來。

　　公輸般呆住了，但是心裡還不服，說：「我想出了辦法來對付你，不過現在不說。」

　　墨子微微一笑說道：「我知道你想怎樣來對付我，不過我也不會說。」

　　楚惠王聽兩人說話像打啞謎一樣，弄得莫名其妙，問墨子說：「你們究竟在說什麼？」

　　墨子說：「公輸般的意思很清楚，不過是想把我殺掉，以為殺了我，宋國就沒有人幫他們守城了。其實他打錯了主意。我來楚國之前，早已派了禽滑釐等三百個徒弟守住宋城，他們每一個人都學會了我的守城辦法。即使把我殺了，楚國也是佔不到便宜的。」

　　楚惠王聽了墨子一番話，又親自看到墨子守城的本領，知道要打勝宋國沒有希望，只好說：「先生的話說得對，我決定不進攻宋國了。」

　　這說明，雲梯的運用，無論是攻防，都處在魔高一尺、道高一仗的彼此制衡的發展變化中。到了唐代，雲梯比戰國時期就有了很大改進。

此時的雲梯，底架以木為床，下置六輪，梯身以一定角度固定裝置於底盤上，並在主梯之外增設一具可以活動的「副梯」，頂端裝有一對轆轤。登城時，雲梯可以沿牆壁自由上下移動，不再需要人抬肩扛。

到了宋代，雲梯的結構又有了更大改進。據北宋曾公亮的《武經總要》記載，宋代雲梯的主梯也分為兩段，並採用了折疊式結構，中間以轉軸連接。這種形制有點像當時通行的折疊式飛橋。同時，副梯也出現了多種形式，使登城接敵行動更加簡便迅速。

為了保障推梯人的安全，宋代雲梯吸取了唐代雲梯的改進經驗，將雲梯底部設計為四面有封鎖的車型，用生牛皮加固外面，人員在棚內推車接近敵城牆時，可有效地抵禦敵矢石的傷害。

巢車是一種專供觀察敵情用的瞭望車。車底部裝有輪子可以推動，車上用堅木豎起兩根長柱，柱子頂端設一轆轤軸，用繩索系一小板屋於轆轤上。板屋高三公尺，四面開有十二個瞭望孔，外面蒙有生牛皮，以防敵人矢石破壞。屋內可容兩人，透過轆轤車升高數丈，攻城時可觀察城內敵兵情況。

宋代出現了一種將望樓固定在高竿上的「望樓車」。這種車以堅木為竿，高近一公尺，頂端置板層，內容納一入執白旗瞭望敵人動靜，用簡單的旗語同下面的將士通報敵情。

在使用中，將旗捲起表示無敵人，開旗則敵人來；旗杆平伸則敵人近，旗杆垂直則敵到；敵人退卻將旗杆慢慢舉起，敵人已退走又將旗捲起。

　　望樓車，車底有輪可來回推動；豎桿上有腳踏橛，可供哨兵上下攀登；豎桿旁用粗繩索斜拉固定；望樓本身下裝轉軸，可四面旋轉觀察。這種望樓車比巢車高大，觀察視野開闊。後來隨著觀察器材的不斷改進，置有固定的瞭望塔，觀察敵情。

　　轒轀車也是一種古代攻城戰的重要的工具，用以掩蔽攻城人員掘城牆、挖道地時免遭敵人矢石、縱火、木檑傷害。轒轀車是一種攻城作業車，車下有四輪，車上設一屋頂形木架，蒙有生牛皮，外塗泥漿，人員在其掩蔽下作業，也可用它運土填溝等。

　　攻城作業車種類很多，還有一種平頂木牛車，但車頂是平的，石塊落下容易破壞車棚，因此在南北朝時，改為等邊三角形車頂，改名「尖頭木驢車」。這種車可以更有效地避免敵人石矢的破壞。

　　為了掩護攻城人員運土和輸送器材，宋代出現了一種組合式攻城作業車，叫「頭車」。這種車搭掛戰棚，前面還有擋箭用的屏風牌，是將戰車、戰棚等組合在一起的攻城作業系列車。

　　頭車長寬各七尺，高七、八尺，車頂用兩層皮笆中間夾一尺多厚的乾草掩蓋，以防敵人炮石破壞。車頂朝廷有一方孔，供車內人員上下，車頂前面有一天窗，窗前設一屏風牌，以供觀察和射箭之用；車兩則懸掛皮牌，外面塗上泥漿，防止敵人縱火焚燒。

「戰棚」接在「頭車」後面，其形制與頭車略同。在戰棚後方敵人矢石所不能及的地方，設一機關，用大繩和戰棚相連，以絞動頭車和戰棚。在頭車前面，有時設一屏風牌，上面開有箭窗，擋牌兩側有側板和掩手，外蒙生牛皮。

　　使用頭車攻城時，將屏風牌、頭車和戰棚連在一起，推至城腳下，然後去掉屏風牌，使頭車和城牆密接，人員在頭車掩護下挖掘道地。戰棚在頭車和找車之間，用絞車絞動使其往返運土。

　　這種將戰車、戰棚等組合一體的攻城作業車，是宋代軍事工程師的一大創舉。

　　臨沖呂公車是古代一種巨型攻城戰車，車身高數丈，長數十丈，車內分五層，每層有梯子可供上下，車中可載幾百名武士，配有機弩毒矢、槍戟刀矛等兵器和破壞城牆設施的器械。

　　進攻時，眾人將車推到城腳，車頂可與城牆齊，兵士們透過天橋沖到城上與敵人拚殺，車下面用撞木等工具破壞城牆。

　　這種龐然大物似的兵車在戰鬥中並不常見，它形體笨重，受地形限制，很難發揮威力，但它的突然出現，往往對守城兵士有一種巨大的威懾力，從而亂其陣腳。

　　除以上所述的攻城器械以外，還有其他一些用來破壞城牆、城門的器械，如搭車、鉤撞車、火車、鵝鶻車等。在古代攻城戰役中，大多是各種攻城器械並用，各顯其能。

科技首創：萬物探索與發明發現

披堅執銳 軍事武器

　　中國古代的守城器械，包括防禦敵人爬城，防禦敵破壞城門、城牆，以及防禦敵人挖掘道地等類。其主要器械有：撞車、叉竿、飛鉤、夜叉擂、地聽、礌石和滾木等。

　　撞車是用來撞擊雲梯的一種工具。在車架上繫一根撞桿，桿的前端鑲上鐵葉，當敵的雲梯靠近城牆時，推動撞桿將其撞毀或撞倒。

　　一一三四年，宋金在仙人關大戰時，金人用雲梯攻擊金軍壘壁，宋軍楊政用撞桿擊毀金人的雲梯，迫使敵攻城戰車兵敗退。

　　叉竿又叫「抵篙叉竿」，這種工具既可抵禦敵人利用飛梯爬城，又可用來擊殺爬城之敵。當敵人飛梯靠近城牆時，利用叉竿前端的橫刃抵住飛梯並將其推倒，或等敵人爬至半牆腰時，用叉竿向下順梯用力推剁，竿前的橫刃足可斷敵手臂。

　　飛鉤又叫「鐵鴟腳」，其形如錨，有四個尖銳的爪鉤，用鐵鏈繫之，再續接繩索。待敵兵附在城腳下，準備登梯攀城時，出其不意，猛投敵群中，一次可鉤殺數人。

　　夜叉擂又名「留客住」。這種武器是用直徑一尺，長一丈多的濕榆木為滾柱，周圍密釘「逆須釘」，釘頭露出木面五吋，滾木兩端安設直徑兩尺的輪子，系以鐵索，連接在絞車上。當敵兵聚集城腳時，投入敵群中，絞動絞車，可造成碾壓敵人的作用。

　　地聽是一種聽察敵人挖掘道地的偵察工具。最早應用於戰國時期的城防戰中。

《墨子·備穴篇》記載，當守城者發現敵軍開掘道地，從地下進攻時，立即在城內牆腳下深井中放置一口特製的薄缸，缸口蒙一層薄牛皮，令聽力聰敏的人伏在缸上，監聽敵方動靜。

　　這種探測方法有一定科學道理，因為敵方開鑿道地的聲響從地下傳播的速度快，聲波衰減小，容易與缸體產生共振，可據此探沿敵所在方位及距離遠近。據說可以在離城五百步內聽到敵人挖掘道地的聲音。

　　礌石和滾木是守城用的石塊和圓木。在古代戰爭中，城牆上通常備有一些普通的石塊、圓木，在敵兵攀登城牆時，拋擲下去擊打敵人，這些石塊和圓木又被稱為「擂石」、「滾木」。

　　除了以上這些守城器械外。還有木女頭、塞門刀車等，用來阻塞被敵人破壞了的城牆和城門。

　　長期的攻守博弈，讓中國古代的城池充滿了智慧。明代後期，由於槍炮等火器在攻守城戰中的大量使用，上述許多笨重的攻守城器械便逐漸在戰場上消失了。

閱讀連結

　　一六二一年，明熹宗派朱燮元守備成都，平息四川永寧宣撫使奢崇明的叛亂。

　　有一天，城外忽然喊聲大起，守軍發現遠處一個龐然大物，在許多牛的拉扯中向城邊接近，車頂上一人披髮仗劍，

裝神弄鬼，車中數百名武士，張強弩待發，車兩翼有雲樓，可俯瞰城中。

戰車趨近時，霎時毒矢飛出，城上守兵驚慌失措。朱燮元沉著地告訴官兵這就是呂公車，並令架設巨型石炮，以千鈞石彈轟擊車體，又用大砲擊牛，牛轉身奔跑，呂公車頓時亂了陣腳，自顧不暇。

國家圖書館出版品預行編目（CIP）資料

科技首創：萬物探索與發明發現 / 李奎 編著 . -- 第一版 .
-- 臺北市：崧燁文化 , 2020.04
　面；　公分
POD 版

ISBN 978-986-516-106-4(平裝)

1. 科學技術 2. 歷史 3. 中國

309.2　　　　　　　　　　　108018487

書　　名：科技首創：萬物探索與發明發現
作　　者：李奎 編著
發 行 人：黃振庭
出 版 者：崧燁文化事業有限公司
發 行 者：崧燁文化事業有限公司
E - m a i l：sonbookservice@gmail.com
粉 絲 頁：　　　　網 址：
地　　址：台北市中正區重慶南路一段六十一號八樓 815 室
8F.-815, No.61, Sec. 1, Chongqing S. Rd., Zhongzheng
Dist., Taipei City 100, Taiwan (R.O.C.)
電　　話：(02)2370-3310 傳　真：(02) 2388-1990
總 經 銷：紅螞蟻圖書有限公司
地　　址：台北市內湖區舊宗路二段 121 巷 19 號
電　　話:02-2795-3656 傳真 :02-2795-4100　　網址：
印　　刷：京峯彩色印刷有限公司（京峰數位）
　本書版權為千華駐科技出版有限公司所有授權崧博出版事業有限公司獨家發行
電子書及繁體書繁體字版。若有其他相關權利及授權需求請與本公司聯繫。
定　　價：250 元
發行日期：2020 年 04 月第一版
◎ 本書以 POD 印製發行